Jürgen Stöckmann

Private Vermögensbildung mit Gold — Risikosicherung in Krisenzeiten

Private Vermögensbildung

Herausgeber: Professor Dr. Ernst Gerth

Dipl.-Wirtsch.-Ing. Jürgen Stöckmann

Private Vermögensbildung mit Gold — Risikosicherung in Krisenzeiten

Betriebswirtschaftlicher Verlag Dr. Th. Gabler · Wiesbaden

ISBN 978-3-409-44051-6   ISBN 978-3-322-89697-1 (eBook)
DOI 10.1007/978-3-322-89697-1

Copyright by
Betriebswirtschaftlicher Verlag Dr. Th. Gabler,
Wiesbaden 1974

Vorwort des Herausgebers

Vor allem in den beiden letzten Jahren hat das Gold wieder das Interesse des privaten Anlegers gefunden. Der Preis des Goldes ist in dieser Zeitspanne erheblich gestiegen. Die Menschen wurden sich der Inflation und deren Folgen auf ihr Vermögen mehr und mehr bewußt. Jetzt erst wurde den Bürgern die Folge der weltweit gestiegenen Papier- und Buchgeldmengen deutlich. Daher kann man statt von Preissteigerungen des Goldes auch von weltweiter Abwertung der manipulierten Papierwährung sprechen. Es zeigte sich wieder einmal, daß die Realität stärker war als das Wunschdenken der Politiker. Dies ist die aktuelle Lage aus der Sicht der Bürger der BRD.

Weltweit kommt hinzu: Millionen von Menschen befanden sich auch in den letzten Jahren auf der Flucht, waren Kriegen und deren Folgen ausgesetzt, mußten oder wollten sich der Macht der Regierungen entziehen, welche ihr Leben und ihre persönliche Freiheit bedrohten. Wer in dieser Situation einen Teil seines Vermögens in Gold angelegt hatte, konnte damit oft seine eigene und die Existenz seiner Familie sichern. Wir wollen diesen Gesichtspunkt nicht weiter verfolgen. Aber gerade aus der Sicht der jüngeren Geschichte dieses Staates und der Schicksale eines großen Teiles seiner heute noch lebenden Bürger liegt die Frage nahe, ob für längere Zeit Sicherheit vor politischen Katastrophen besteht bzw. vor solchen Ereignissen, welche zumindest ein Teil der Bevölkerung als Katastrophe ansehen würde.

Daher fragen sich viele Menschen: Sollten wir heute – wo dies möglich ist – einen Teil unseres Vermögens in Gold anlegen? Die Antwort auf diese Frage muß jeder persönlich finden. Dabei sollte die Antwort möglichst stark auf Informationen gestützt werden. Diesem Zweck dient das vorliegende Buch: es bringt in konzentrierter Form die Fakten über das Gold in Vergangenheit und Gegenwart und zeigt dem Leser die Konsequenzen, die sich aus diesen Fakten für seine Überlegungen zur Vermögensanlage ergeben. Die Ausführungen sind neutral gegenüber Interessenstandpunkten, welche den Anleger in der einen oder anderen Richtung zu beeinflussen versuchen. Sie sind respektlos gegenüber Autoritäten, welche aus Gründen des Gemeinwohls — oder dem, was diese darunter verstehen — die Meinungsbildung beeinflussen wollen. So ist der Inhalt des Buches ganz auf die praxisnahe, neutrale Information des Anlegers ausgerichtet.

Braunschweig, Frühjahr 1974 Prof. Dr. E. Gerth

Inhaltsverzeichnis

	Seite
Vorwort des Herausgebers	5
1. Vermögensanlage in Gold	9
2. Die Goldhortung	12
2.1. Begriff der Hortung	12
2.2. Motive für die Goldhortung	14
2.3. Besonderheiten der Preisbildung	16
3. Goldgewinnung, Verteilung des Goldes und Goldpreis	18
3.1. Goldgewinnung	18
3.1.1. Primäre und sekundäre Goldvorkommen	18
3.1.2. Entwicklung der Goldgewinnung	19
3.1.3. Goldproduktion der größten Golderzeugungsländer	20
3.1.3.1. Südafrika	20
3.1.3.2. Kanada	21
3.1.3.3. USA	21
3.1.3.4. Australien und andere Länder	22
3.1.3.5. Rußland	22
3.1.4. Zukünftiger Verlauf der Goldgewinnung	24
3.2. Verteilung des Goldes	26
3.2.1. Gold als Währungsmetall	27
3.2.2. Gold als Ware und Gold für Hortungszwecke	28
3.3. Der Preis des Goldes	30
3.3.1. Der Goldpreis bis 1945	32
3.3.2. Der Goldpreis bis 1954	33
3.3.3. Der Goldpreis bis 1960	37
3.3.4. Der Goldpreis bis 1968	38
3.3.5. Der Goldpreis seit 1968	43
4. Zulässigkeit des Goldbesitzes	48

5.	Anlagemöglichkeiten in Gold	51
	5.1. Goldbarren	51
	5.2. Goldmünzen	54
	5.3. Goldmedaillen	59
	5.4. Goldschmuck	61
6.	Funktionen des Goldes für den Privatmann	63
	6.1. Mögliche Gründe für den Kauf von Gold	63
	6.2. Verwendung des Goldes	64
	6.3. Aufbewahrung des Goldes	65
7.	Gold als Sicherheitsfaktor gegen Währungsabwertungen	67
8.	Gold als aktiv-spekulative Anlageform	71
9.	Zusammenfassung	74
10.	Checkliste	76
Anhang		80
Literaturverzeichnis		92
Sachregister		94

1. Vermögensanlage in Gold

In den letzten Jahren ist der Begriff der Vermögensbildung immer stärker in den Vordergrund getreten. Seitdem erstmals 1959 Volksaktien ausgegeben wurden und besonders seitdem das frühere 312,– DM-Gesetz zum 624,– DM-Gesetz erweitert worden ist, sind breite Schichten deutscher Arbeitnehmer mit der Vermögensbildung für den Privatmann und den kleinen Durchschnittsverdiener vertraut gemacht worden.

Längst wissen viele nicht nur über das Sparen mit Sparbüchern Bescheid, sie kennen auch die Möglichkeiten, die sich ihnen bei einer Geldanlage in Form von Aktien, festverzinslichen Wertpapieren und auch bei Versicherungen, um nur einige der vielfältigen Anlageformen zu nennen, bieten. Dies liegt daran, daß für alle diese Arten in zum Teil äußerst aufwendiger und häufiger Weise Werbefeldzüge veranstaltet werden.

Anders liegt die Sache dagegen beim Gold. Jedermann weiß, was Gold ist, und Werbung für den Golderwerb wird nicht gemacht. Im Gegenteil: Es wird immer wieder betont, der Golderwerb lohne sich nicht, da sich Gold nicht verzinst.

Der Vorteil gegenüber den anderen Anlagemöglichkeiten ist jedoch seit jeher, daß das Gold ein nur begrenzt zur Verfügung stehender Stoff ist, der von allen sehr begehrt wird. Seine Wertbeständigkeit ist deshalb sprichwörtlich.

Und dennoch: Die Kenntnisse über das Gold sind bei den meisten recht verschwommener und allgemeiner Natur. Exakte Zahlenangaben fehlen meist, so daß sich der Private nur schwer eine Vorstellung von einer Anlage in Gold machen kann.

Mit diesem Buch über die Vermögensanlage für den privaten Anleger soll versucht werden, einen Überblick über die Möglichkeiten der Geldanlage in Gold zu geben und bestehende Unklarheiten in diesem Bereich zu beseitigen. Gerade in einer Zeit steigender jährlicher Inflationsraten dürfte es für den Privatmann interessant sein, nach Mitteln und Wegen zu suchen, sein mühsam verdientes Geld zukunftssicher anzulegen. Bei einer derzeitigen Inflationsrate von ca. 8 % stellt sich für jeden die Frage, ob Sparen im herkömmlichen Sinne noch vernünftig ist. Dies gilt um so mehr, als der Staat als oberste Instanz mit dem denkbar schlechten Vorbild einer Erhöhung des Bundeshaushaltes von nominell mehr als 10 % seine sich selbst gesetzten Ziele einer Verringerung der Inflationsrate zumindest in Frage stellt.

Kann für den Privatmann unter diesen Voraussetzungen eine Anlage in Gold von Nutzen sein? Wird die Wertbeständigkeit des Goldes weiterhin bestehen bleiben? Steigt der Goldpreis, wie es Samuel Montagu & Co. Ltd. prognostizieren, in nächster Zukunft nachhaltig über den heutigen Preis von ca. 120.– Dollar je Feinunze hinaus? Klettert er bald auf über 200,– Dollar je Feinunze, wie in einer Werbezeitschrift für den Golderwerb geschrieben worden ist, in der außerdem behauptet wird, daß mit Hilfe eines ungeheuerlichen Propaganda-Apparates versucht wird, denkende Menschen davon abzuhalten, allmählich immer wertloser werdende Währungen in Gold umzutauschen? Oder sinkt, wenn der Fall eintreten sollte, daß die Zentralnotenbanken vom Gold als Währungsmetall abgehen und ihre bisherigen Goldreserven auf dem freien Markt anbieten, der Goldpreis über kurz oder lang, wie L. Albert Hahn behauptet?

Diese und andere Fragen werden abgehandelt werden. Dabei besteht auf der Seite des Autors kein persönliches Interesse an den Fragen, vielmehr wird versucht, alle Fragen objektiv zu erörtern. Daß dabei zuweilen Dinge zur Sprache kommen, die manch einer vielleicht gern im Dunkel der Verschwiegenheit gelassen sehen möchte, ist durchaus möglich. Nach Meinung des Autors ist es aber besser, auch diese Dinge so anzusprechen, wie sie sind und wie sie gehandhabt werden, als sich durch fromme Lügen ein Scheinbild der Wirklichkeit zu verschaffen. Daß jegliche Beeinflussung durch Gruppeninteressen entfällt und auf herrschende Meinungen sog. Autoritäten keine Rücksicht genommen wird und werden kann, ist somit selbstverständlich.

Bevor auf die Vermögensanlage in Gold näher eingegangen

werden kann, müssen zum besseren Verständnis der Problematik einige wesentliche Grundlagen besprochen werden.

Dafür wird zunächst der Begriff der Goldhortung untersucht, und weiterhin werden die Motive für die Goldhortung und die Besonderheiten der Preisbildung erläutert.

Es schließt sich ein Kapitel über die Goldgewinnung, die Verteilung des Goldes und (daraus resultierend) die Goldpreise an. Bei der Entwicklung der Goldgewinnung wird die Produktion der größten Golderzeugungsländer aufgezeigt. Für die Zahlenwerte gilt, daß verschiedene Quellen häufig auch unterschiedliche Zahlenangaben verwenden. Hier, und das gilt auch im folgenden, wird jeweils eine Zahl ausgewählt. Bei der Goldverteilung wird zwischen Gold als Währungsmetall und Gold als Ware unterschieden und bei der Besprechung der Goldpreise besonders auf die Entwicklung nach dem 2. Weltkrieg eingegangen, denn diese liefert für den potentiellen Anleger wichtige Rückschlüsse.

Dann wird die Frage der Zulässigkeit des Goldbesitzes für den Privatmann erörtert. Es folgen die verschiedenen Anlagemöglichkeiten: Barren, Münzen, Medaillen und Schmuck. Die Funktionen des Goldes für den privaten Anleger werden aufgezeigt. Daran schließen sich zwei Kapitel an, die dem Privatmann zeigen, was er beachten muß, wenn er Gold einmal als Sicherung gegen Währungsabwertungen und in Notzeiten und zum anderen als spekulative Anlageform verwenden will.

Nach einem Ausblick, ob sich eine Geldanlage in Gold lohnt, werden für den eiligen Leser die wichtigsten Punkte in einer Checkliste zusammengefaßt, die er beim Goldkauf beachten sollte.

2. Die Goldhortung[1]

2.1 Begriff der Hortung

Früher war das Ansammeln und Horten die normale und häufigste Form der Vermögensbildung. Sie ist heute noch in Vorderasien und einigen Entwicklungsländern üblich. Der private Anleger in Deutschland und in anderen westlichen Ländern erwartet dagegen, daß seine Vermögensanlage einen *Ertrag* abwirft und ist nur unter außergewöhnlichen Umständen bereit, hierauf zu verzichten. Die Ansammlung von Gegenständen, die nicht der Befriedigung eines Konsumbedürfnisses oder der Erzielung eines Gewinns dient, stellt heute in wirtschaftlich entwickelten Gebieten eine ungewöhnliche Ausnahmeform der Vermögensanlage dar.

Speziell im Hinblick auf die private Goldhortung der letzten Jahrzehnte scheint die Liquiditätsneigung weniger bedeutsam als das Motiv der Vermögenssicherung gewesen zu sein. So muß es als sehr unwahrscheinlich betrachtet werden, daß in Ländern, in denen privater Goldbesitz streng verboten und mit Strafen bedroht ist (so in Deutschland während des 2. Weltkrieges und in den Ostblockstaaten heute), eine sofortige Liquidierbarkeit beim Gold jederzeit gewährleistet ist.

Wenn im Zusammenhang mit der Vermögensanlage in Gold die Begriffe Hortung und Spekulation auftauchen, so besagen diese aus etymologischer Sicht nichts weiter als eine Anhäufung von Gold bzw. ein gewagtes und riskantes Geschäft beim An- und Verkauf von Gold mit der Zielrichtung der Gewinnmaximierung.

Neben dieser ursprünglichen Bedeutung werden die Begriffe heute in einer abwertenden Weise benutzt, die auf manchen potentiellen Anleger einen moralischen Zwang ausüben soll, um ihn von einer Anlage in Gold Abstand nehmen zu lassen. Dieser

---

1 siehe dazu: Bartels, Hermann, Die Goldmärkte der Welt seit Verlassen des Goldstandards, Frankfurt/M., 1960, S. 74 ff.

moralische Druck geht in mehrere Richtungen: Einmal wird ihm suggeriert, er nutze die angeblich viel besseren anderen Anlagemöglichkeiten nicht aus (siehe die vielfältigen Hinweise auf die fehlende Verzinsung!) und wähle dafür die schlechte Anlage seines Geldes in Gold. Zum anderen folgt der Hinweis, daß die Spekulanten in den letzten Jahren immer wieder die Währungsordnung stark erschüttert haben. Und wer will sich schon zu solchen Leuten rechnen?

Aber wer so denkt, verwechselt Ursache und Wirkung. Ursache der verstärkten Spekulation und Hortung war jeweils das Mißtrauen der einzelnen Menschen in die betreffenden Währungen. Verantwortlich sind also nicht die Spekulanten, sondern die jeweiligen Regierungen, die die ihnen übertragene Macht nicht gut und klug genug zum Wohle ihrer Staatsbürger ausgeübt haben. Spekulation und Hortung sind in unserer freien Marktwirtschaft völlig legale Methoden, mit denen man versuchen kann, seine Mittel zu vergrößern.

Des weiteren kommt noch ein sozialer Aspekt hinzu: Während reiche Schichten (z. B. Einzelpersonen und Firmen) an der momentanen Spekulation verdienen können, ist das ärmeren Kreisen verwehrt, selbst dann, wenn sie über die Anlagemöglichkeiten in Gold genau Bescheid wüßten. Dadurch wird auch in diesem Bereich die Kluft zwischen den Armen und Reichen größer, was dem Abbau sozialer Spannungen keineswegs förderlich ist. Das soll nun kein Hinweis für den Staat sein, Verbote zu erlassen, sondern vielmehr eine Aufforderung, eine bessere und konjunkturgerechtere Währungs- und Wirtschaftspolitik zu betreiben, denn dann gehen Hortung und Spekulation am ehesten zurück.

Welche Differenzierung besteht zwischen diesen beiden Begriffen? Am besten unterscheidet man zwischen einer Hortung im engeren Sinne und einer mehr spekulativen Vermögensanlage. Der Horter im engeren Sinne versucht, z. B. durch Goldkäufe, lediglich, sein Vermögen vor Verlusten in Form von Kaufkraftverlust und Inflation zu schützen. Diese psychologisch eher passive oder defensive Einstellung ist in der Regel langfristig ausgerichtet. Dem steht der Kapitalanleger gegenüber, der trotz augenblicklicher Ertragslosigkeit auf die Dauer nicht mit einer Vermögenserhaltung zufrieden ist, sondern auf Grund der Marktentwicklung mit einem Vermögenszuwachs rechnet. Er ist durch eine aktivere Einstellung gekennzeichnet, und seine Erwartungen beziehen sich meist auf kürzere Zeiträume als die der Horter. Spekulation ist (siehe besonders die Jahre 1972 und 1973) auch beim Gold möglich, wenn nämlich während relativ kurzer Zeit eine größere Erhöhung des Goldpreises erfolgt und Gold in der Absicht gekauft wird, es nach dem Eintreten der zuvor erhofften Erhöhung mit Gewinn wieder abzustoßen.

Goldhortung in dieser engeren Bedeutung ist also jeder Goldbesitz von Nichtnotenbanken, der weder dem Zahlungsverkehr noch der gewerblichen Verwendung oder der Spekulation dient, bei dem ferner Gold nicht wegen seines verarbeiteten Zustandes gehalten wird, sondern lediglich zum Zwecke der Vermögenserhaltung. In der Praxis ist diese Trennung in spekulative und in nur der Werterhaltung dienende Goldkäufe sehr schwierig, da die Grenzen fließend sind. Deswegen werden in den Tabellen beide Arten unter dem Oberbegriff der Hortung zusammengefaßt.

2.2 Motive für die Goldhortung

Es gibt verschiedene Motive für die Vermögensanlage in Gold in den Händen von privaten Anlegern und von Firmen auch in wirtschaftlich entwickelten Gebieten, in denen diverse andere Möglichkeiten der Geldanlage bestehen. Die Furcht vor Währungsverschlechterungen ist der häufigste Anlaß für private Goldkäufe in den letzten Jahrzehnten gewesen. Hierdurch soll ein Schutz gegen eine allmähliche Verringerung der Kaufkraft, gegen offene Inflation und gegen Devalvationen (Abwertung einer Währung) erreicht werden. Die Erwartung eines Krieges weckt den Wunsch, sein Vermögen in möglichst mobiler, dem Feind nicht ausgesetzter Form zu halten. Daneben spielt die Erfahrung eine Rolle, daß nach den letzten beiden Weltkriegen beinahe alle Staaten, gleichgültig, ob an den Kriegen beteiligt oder neutral, eine erhebliche Einbuße der Kaufkraft ihrer Währung erlitten haben. Insofern ist dieses Motiv nur eine Sonderform des bereits genannten.

Weiter werden Vermögen in Gold angelegt, um sie behördlichen Ein- und Zugriffen zu entziehen. Dabei kann es sich um Gelder handeln, die vor dem Finanzamt geheim bleiben sollen oder um solche, deren Kenntnis dem Strafrichter verborgen bleiben muß, wie z. B. unrechtmäßige Kriegsgewinne, Gewinne aus Schmuggel oder Erlöse aus Diebstählen, außerdem alle Vermögen, denen aus irgendwelchen Gründen eine staatliche Beschlagnahme droht, wie denen der deutschen Juden im Dritten Reich.

Bei einem Vergleich der Eignung des Goldes für die Hortung mit der Eignung anderer hierfür in Frage kommender Güter ergibt sich folgendes:

Das Gold hat bis 1968 dem Silber gegenüber in der ganzen Welt die Vorteile geringerer Preisschwankungen und der Garantie eines Mindestpreises gehabt. Der Mindestpreis wird zwar auch heute noch garantiert, aber dieser Vorteil ist dadurch uninteressant geworden, daß der freie Goldpreis auf das Dreifache des amtlichen Preises gestiegen ist. Weitere Vorteile gegenüber dem Silber liegen darin, daß Gold in kleinerem Raum transportabel und zudem leichter zu verbergen und zu schützen ist.

Hinsichtlich der Edelsteine ist deren fehlende Homogenität und mangelnde Teilbarkeit zu erwähnen. Auch ist die Handelsspanne höher als beim Gold.

Als ausgesprochen wertbeständig haben sich in den vergangenen Jahrhunderten Grundstücke erwiesen (abgesehen von evtl. Einbußen wegen Änderung von Verkehrswegen u. ä.). Im Falle eines Krieges droht ein Verlust in erster Linie durch territoriale Veränderungen. Für die Anlage illegaler Gelder kommen sie gar nicht in Frage, da amtliche Eintragungen notwendig sind, die sich nicht verheimlichen lassen. Auch sind Grundstücke allgemein Steuern und evtl. Sondersteuern (z. B. Wertzuwachssteuer) ausgesetzt.

Ausländische Banknoten sind noch beweglicher als Gold, aber bei ihnen besteht die Gefahr einer Abwertung der betreffenden Währung gegenüber der inländischen. Zudem hängt ihr Wert stark von der Möglichkeit ab, sie zu gegebener Zeit ins Ausland zu bekommen und im Land ihrer Ausgabe verwenden zu können. Trotzdem ist das Risiko bei ausländischen Banknoten geringer als bei Guthaben im Ausland, da diese der Konfiszierung oder Blockierung ausgesetzt sind.

Inländische Münzen oder Banknoten zu horten ist nur dann sinnvoll, wenn aus bestimmen Gründen Gelder der Kenntnis irgendeiner Behörde entzogen werden sollen, sonst ergeben sich gegenüber dem Gold nur Nachteile. So sind in Westdeutschland 1948 möglicherweise erhebliche Beträge gehorteter Reichsmark-Noten nicht umgetauscht worden. Ähnliches gilt für die im Oktober 1957 schlagartig durchgeführte Umtauschaktion für Banknoten in der DDR.

Als Ergebnis kann man feststellen: Gold ist das für die Hortung am besten geeignete Gut, gleichgültig, aus welchem Anlaß diese Hortung auch erfolgt.

2.3 Besonderheiten der Preisbildung

Bei den meisten Gütern entspricht der Verbrauch einer Periode auch der Produktion des entsprechenden Zeitraums, wenn man von Lagerbestandsänderungen absieht. Die Vorratsveränderungen sind jedoch meist nicht wesentlich und gleichen sich auf längere Sicht aus. Nicht so beim Gold: Hier ist die gesamte Produktion vieler Jahrhunderte erhalten geblieben. Die privaten Horte können jederzeit ganz, darüber hinaus kann auch ein Teil der monetären Bestände und des verarbeiteten Goldes an den Markt drängen. In einem solchen Fall hat das Angebot aus der Neuproduktion nur geringe Bedeutung für die Preisbildung.

Weiter ist die inverse Reaktion des Angebots und der Nachfrage kennzeichnend. Steigt nämlich der Preis z. B. wegen einer Inflationspsychose, so erfolgt kein Rückgang der Nachfrage, sondern ein weiteres Ansteigen, weil der Horter gerade in dem Anziehen der Goldpreise seine Befürchtungen vor einer Währungsentwertung bestätigt sieht und nun erst recht kaufen will.

Die Preiserhöhung führt auf der Angebotsseite keineswegs zu der üblichen Mengensteigerung, da die Besitzer das Gold in Erwartung weiterer Geldentwertungen zurückhalten. Das Zurückhalten des Angebots kann auch in der Hoffnung erfolgen, bei weiter kletternden Preisen später noch größere Gewinne zu realisieren (siehe die Situation des Jahres 1973).

Andererseits bedeutet ein sinkender Goldpreis keinesfalls die Vergrößerung der Nachfrage, sondern weit eher ein Nachlassen. Darüberhinaus werden u. U. bestehende Horte aufgelöst, um weiteren Verlusten beim Verkauf des Goldes im Falle einer notwendigen Realisation vorzubeugen. Bei sinkendem Preis wird also das Angebot aus Vorräten größer.

3. Goldgewinnung, Verteilung des Goldes und Goldpreise

3.1 Goldgewinnung

Für den privaten Anleger ist es wichtig zu wissen, wie groß das Angebot an Gold ist, mit dem er auf dem Markt rechnen kann. Da dieses in normalen Zeiten weitgehend von der Goldneuproduktion abhängig ist, wird im folgenden einiges über die Goldgewinnung gesagt.

3.1.1 Primäre und sekundäre Goldvorkommen

Bei der Goldgewinnung spielt die Art des Goldvorkommens eine entscheidende Rolle. Man kennt zwei Arten von Goldvorkommen, einmal die primären Vorkommen, das sog. Berggold, zum anderen die sekundären Vorkommen in Form von Waschgold und Goldseifen.

Die sekundären Goldvorkommen haben vorwiegend im Altertum, im Mittelalter und bei den sog. Goldräuschen des 19. Jahrhunderts große Bedeutung gehabt. Die Abbaumethoden waren zum Teil sehr primitiv. Heute sind derartige Vorkommen weitgehend erschöpft. Sie sind noch in Sibirien, Alaska und vereinzelt in Australien, Kalifornien und Teilen Afrikas anzutreffen.

Über Dreiviertel der Weltproduktion werden heute in Form von Berggold gefördert. Diese primären Goldvorkommen werden meistens in Quarzgestein gefunden und im Gangbergbau, der sich vom Erzbergbau nur wenig unterscheidet, gewonnen. Der Vorteil gegenüber den sekundären Vorkommen besteht in einer längeren und gleichmäßigeren Ausbeute. Allerdings benötigt man hierbei einen großen Kapitaleinsatz und die Anwendung modernster industrieller Methoden. Die größten primären Vorkommen befinden sich in Südafrika; weitere sind in Australien, Kanada und Ghana zu finden.

3.1.2 Entwicklung der Goldgewinnung

Es ist allgemein bekannt, daß bereits im Altertum Gold gewonnen worden ist. Allerdings darf man die Mengen, die sowohl im Altertum als auch im Mittelalter und sogar bis in die Mitte des 19. Jahrhunderts gefördert worden sind, nicht überschätzen. Tab. 1 (im Anhang) gibt einen Überblick über die Produktion von 1493 bis heute. Graphisch ist dies in Bild 1 dargestellt.

Die gesamte Goldausbeute der Welt bewegte sich zwischen 6 und 10 t jährlich in den Jahren 1500 bis 1700. Erst im 18. Jahrhundert erreichte die Goldproduktion einen etwas größeren Umfang. In diesem Jahrhundert wurden insgesamt ca. 1900 t Gold gewonnen, davon knapp 50 % allein aus Brasilien. Diese Menge entspricht zum Vergleich der anderthalbfachen Produktion des Jahres 1971!

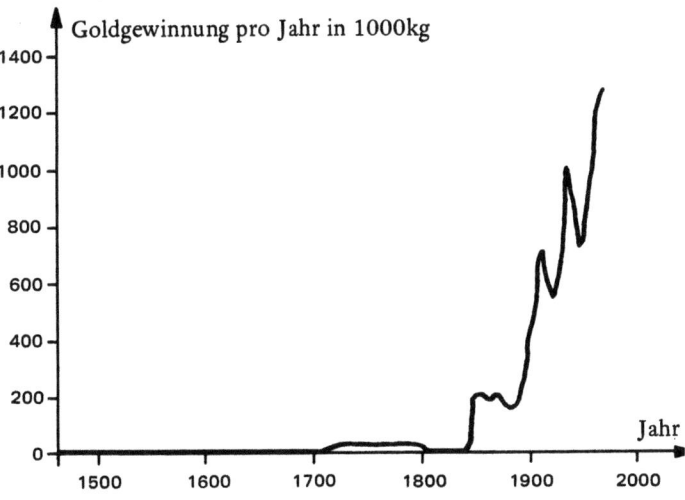

Bild 1: Goldgewinnung der Erde seit 1493

Der große Aufschwung begann in der Mitte des 19. Jahrhunderts. Zuvor waren in den dreißiger und vierziger Jahren in Sibirien und am Ural neue, ergiebige Goldlager entdeckt worden. Rußland war damit in die erste Reihe der Goldproduktionsländer getreten. Mit den reichen Goldfunden in Kalifornien 1848 und der 1851 beginnenden Erschließung der australischen Fundstätten stieg die Golderzeugung sprunghaft an. Nach einem vorübergehenden Rückschlag in den sechziger Jahren, hervorgerufen durch das Nachlassen der Produktion in Rußland, den USA und Australien, begann mit der Entdeckung der großen Goldfelder am Witwatersrand in Südafrika 1885 ein neuer Aufschwung. Hier ergab sich eine reiche und wegen des Quarzbergbaues auch eine gleichmäßigere Ausbeute über längere Zeiträume[2].

Aus Bild 1 erkennt man, daß die Produktionszahlen bis zum 1. Weltkrieg laufend gestiegen sind. (Lediglich in den Jahren 1900 bis 1902 war wegen des Burenkrieges in Südafrika ein kaum nennenswerter Rückgang zu verzeichnen.) Zum Teil war das durch verbesserte Technologien bedingt, die eine größere Goldausbeute gewährleisten[3][4]. Nach einem Tiefpunkt 1922 wurde 1941 ein neuer Höhepunkt erreicht. Infolge des 2. Weltkrieges sank die Produktion wiederum bis zum Jahre 1946. Nach einem erneuten Anstieg wurden seit 1963 zwischen 1200 und 1300 t jährlich gewonnen. Die Gesamterzeugung von Gold belief sich zwischen 1493 und 1972 auf ca. 71 000 t (als Vergleich die Produktion von 1493 bis 1960: ca. 56 000 t).

3.1.3 Goldproduktion der größten Golderzeugungsländer

3.1.3.1 Südafrika

Der Anteil der südafrikanischen Goldproduktion an der Gesamtweltproduktion stieg von 1885 bis 1898 von 0 % auf über 25 % (von 40 kg auf 119 t). Diese Zahlen wurden wegen des Burenkrieges (Absinken der Produktion auf 7,9 t oder 2 % der Welterzeugung im Jahre 1901) erst wieder 1906 erreicht und überschritten. Während der beiden Weltkriege ging die Produk-

---

2 Bergemann, Ernst, Gold – gestern und heute, Frankfurt/M., 1964, S. 11 f.
3 Quiring, Heinrich, Geschichte des Goldes, Stuttgart, 1948, S. 295 ff.
4 Friedensburg, Ferdinand, Gold, 2. Aufl., Stuttgart, 1953, S. 29 ff.

tion jedesmal leicht zurück; von 1920 bis 1930 lieferte Südafrika jedoch bereits über die Hälfte der Weltgolderzeugung, jährlich ca. 300 t. Nach dem letzten Krieg stieg der südafrikanische Anteil bis auf über 75 % infolge der Erschließung neuer reicher Lager (z. T. in Verbindung mit Uran). Die Entwicklung der Goldproduktion und der jeweilige Anteil an der Weltgolderzeugung sind in den Tabellen 2 und 3 dargestellt. Im Jahre 1971 ist Südafrika mit 78,2 % der Goldgewinnung (oder 976 t Gold) der größte Goldlieferant.

3.1.3.2 Kanada

Kanada war speziell um 1900 ein Land, in dem für damalige Zeiten große Mengen Gold gefunden wurden. Das Maximum lag bei 33,6 t im Jahre 1900. Die Goldseifen am Yukon und Klondike waren jedoch recht bald erschöpft. Neue Reviere brachten Kanada den zweiten bis vierten Platz unter den Goldländern der Erde ein. Nach dem Krieg rangierte Kanada immer auf Platz 2 der offiziellen Liste (siehe auch dazu Tab. 2 und 3). Allerdings gehen die Produktionsziffern laufend zurück. Und das, obwohl die Goldbergwerke bereits seit 1948 Subventionen des Staates erhalten. Diese sind aber ungleichmäßig auf die einzelnen Produzenten verteilt, da es sonst mit einer allgemeinen Goldpreiserhöhung gleichbedeutend wäre. Kanada als Mitglied des Internationalen Wärungsfonds (IWF) sind solche Preiserhöhungen grundsätzlich untersagt[5].

3.1.3.3 USA

Für die USA gilt ähnliches wie auch für Kanada. Die großen Zeiten, in denen die USA (zwischen 1850 und 1900) an führender Position lagen, sind vorbei. Der Höhepunkt der Golderzeugung war 1940 mit 151 t erreicht. Nach dem Kriege lag die Produktion zwischen jährlich 125 und 140 t in den Jahren 1950 bis 1963. Seit 1960 ist die Tendenz rückläufig. So liegt der Wert für 1971 bei knapp 69 t (siehe Tabellen 2 und 3).

---

5 Green, Timothy, Die Welt des Goldes, Vom Goldfieber zum Goldboom, Frankfurt/M., 1968, S. 96

3.1.3.4 Australien und andere Länder

Der Beginn von Australiens großer Produktionszeit fiel mit den kalifornischen Goldfunden 1849 zusammen. Über fünfzig Jahre lang war Australien ein großer Lieferant, dessen Gipfel in dem Jahrzehnt von 1901 bis 1910 lag mit ca. 104 t jährlich. Nach 1945 hatte sich die Produktion auf einen Durchschnittswert von ca. 30 t eingespielt. Seit 1969 liegt eine fallende Tendenz vor. So wurden 1971 lediglich ca. 20 t erzeugt.

Die anderen Länder spielen, wie aus Tab. 2 ersichtlich ist, bei der gesamten Weltgolderzeugung keine ins Gewicht fallende Rolle.

3.1.3.5 Rußland

Vor Beginn der amerikanischen Funde war, wie bereits erwähnt, Rußland eines der Hauptproduktionsländer von Gold. Die Golderzeugung steigerte sich auf 40 t im Jahre 1913. Nach der kommunistischen Oktoberrevolution des Jahres 1917 ist Rußland einen von den westlichen Ländern grundverschiedenen Weg gegangen. Getreu der kommunistischen These, daß das Gold in einer kommunistischen Gesellschaft nutzlos sei, betrachtete man anfangs den Abbau der vorhandenen Goldlager als eine Nebensache. Als man aber erkannte, daß man mit dem Gold dringend benötigte Industrie- und Wirtschaftsgüter kaufen konnte, wurde unter Stalin der Goldbergbau ab 1927 gewaltig gefördert. Die jährliche Produktion stieg dadurch von 25,2 t im Jahre 1927 auf 77,4 t im Jahre 1933.

Seit 1934 hat die Sowjetunion die Höhe der Golderzeugung und alle damit zusammenhängenden Fragen als Staatsgeheimnis behandelt, so daß seit dieser Zeit sämtliche Angaben auf teilweise stark voneinander abweichenden Schätzungen beruhen. Die Tabellen der Bank für Internationalen Zahlungsausgleich (BIZ) enthalten aus diesem Grunde keine Angaben über russische Goldförderungen und Förderungen der übrigen Ostblockstaaten. Es scheint festzustehen, daß die Sowjetunion heute den zweiten, dritten oder schlechtestenfalls den vierten Platz, sehr wahrscheinlich jedoch den zweiten, in der Weltrangordnung der Goldgewinnungsländer einnehmen dürfte. Die Schätzungen der jährlichen Goldgewinnung bewegen sich zwischen 7 und 10 Millionen Unzen (entsprechend 22 bis 31 t)[6]. Neueste Schätzungen westlicher Experten sprechen hingegen von einer Produktion in Höhe von 5,03 Millionen Unzen im Jahre 1965, die sich 1972 bis auf 6,7 Millionen Unzen Feingold erhöht haben soll.

Bei der russischen Goldgewinnung gibt es noch zwei Besonderheiten: Die Produktionskosten, verglichen mit denen in den USA und in Kanada, sind ungewöhnlich hoch. Bedingt ist dies durch das schwierige Terrain und das harte Klima der sibirischen Goldfeder; außerdem ist die Produktion geringer. Die (natürlich vom Wechselkurs abhängigen) geschätzten Produktionskosten liegen zwischen 50 und 70 Dollar je Feinunze. Daraus erkennt man, daß die Wirtschaftlichkeit nur von untergeordneter Bedeutung ist. Das Kostenproblem wird unter anderen Aspekten als in der westlichen Welt gesehen, denn die Sowjetunion benötigt das Gold dringend, um es in harte Devisen eintauschen zu können. Von dieser Möglichkeit haben die Russen nach dem Krieg seit 1953 recht häufig Gebrauch gemacht.

Zum anderen weist das Gold, das sie auf den Markt bringen, fast immer einen Feingehalt von 999,9 Tausendstel auf. Der normale Standard auf den Goldmärkten der Welt liegt demgegenüber bei 995 Tausendstel (Südafrika verkauft sein Gold mit 996/1000 Feingehalt)[7]. Dies zeigt ebenfalls, daß es den Russen nicht auf die Kosten ankommt, denn die Erhöhung des Feingehaltes ist technologisch sehr aufwendig.

Für den Privatmann ergeben sich hieraus zwei Folgerungen:

1. Falls er zufällig russisches Gold erwerben sollte, darf er sich nicht wundern, wenn er wegen der höheren Scheidekosten ein Agio (Aufgeld) zahlen muß.

2. Die Russen haben, wenn sie es wollen, die Möglichkeit, den Goldmarkt durch größere Goldabgaben für zumindest kurze Zeit nachhaltig zu beeinflussen. Ob die Russen allerdings ein stärkeres Absinken des Goldpreises auf Grund eigener Verkäufe zulassen werden, darf wohl bezweifelt werden. Denn be-

---

6 Green, a.a.O., S. 92
7 Green, a.a.O., S. 93

reits Lenin sagte über das Gold: „Verkaufe es zum höchsten Preis, und kaufe mit ihm Waren zum niedrigsten Preis." Außerdem darf man nicht noch einmal eine so schlechte Koordination der russischen Stellen wie in der Kuba-Krise im Oktober 1962 erwarten: Damals stieg wegen der Krise die Nachfrage nach Gold sprunghaft an; gleichzeitig begannen die Russen plötzlich, Gold zu verkaufen[8]. Allerdings war damals für die Russen wegen des durch den Goldpool gestützten amtlichen Goldpreises auch kein wesentlicher Verfall des Goldpreises zu erwarten gewesen.

3.1.4 Zukünftiger Verlauf der Goldgewinnung

Im Laufe der Zeit hat sich die Bedeutung der Goldgewinnung geändert. Bezogen auf den Weltbergbau lag Gold wertmäßig um 1900 an zweiter Stelle (davor sogar an erster Stelle), heute dagegen rangiert es hinter Erdöl, Kohle, Eisen, Kupfer und Erdgas an sechster Stelle.

Das stetige Wachstum der Welterzeugung (ohne Ostblock), das seit 1953 zu einer Erhöhung um 70 % geführt hatte, kam

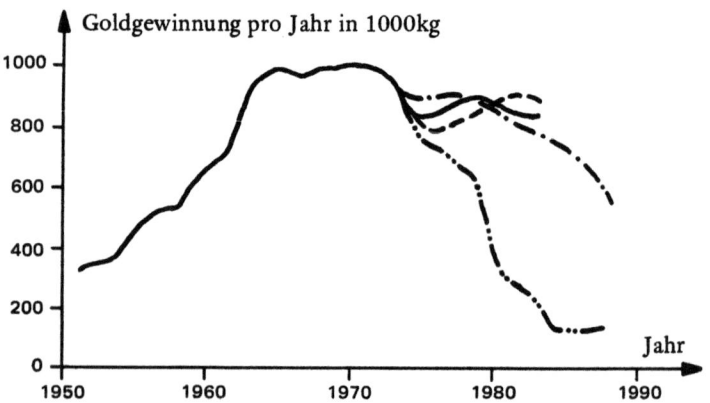

Bild 2: Goldproduktion Südafrikas mit voraussichtlicher Produktion bis 1987 bei unterschiedlichen Goldpreisen

8 Enzyklopädisches Lexikon für das Geld-, Bank- und Börsenwesen, Band I, 3. Aufl., Frankfurt/M., 1967/68, S. 687

1966 zum Stillstand. Ursache dafür war die geringe Zunahme der südafrikanischen Produktion, die vorher den Rückgang der Gesamtförderung aller anderen Länder ausgeglichen hatte. Aus den sinkenden Zahlen für Kanada, die USA und Australien (siehe Tabellen 2 und 3) erkennt man das Fehlen neuer abbauwürdiger Vorkommen in diesen Ländern. 1971 ist die Weltgoldproduktion erstmals seit über zwanzig Jahren merklich gesunken, und zwar um ca. 3 % gegenüber dem Vorjahr. Die entsprechenden Zahlen für 1972 bezogen auf 1971 sprechen von einer weiteren geschätzten Abnahme um 5,5 % bis 6 %.

Bei diesen Aussichten für die Produktion, die für den privaten Anleger Preissteigerungen erwarten lassen, ist ein Blick auf den zeitlichen Verlauf der südafrikanischen Goldproduktion sehr aufschlußreich. In Bild 2 ist dies dargestellt. Darüber hinaus wird dort die voraussichtliche Produktion bis 1987 bei verschieden hohen Goldpreisen angegeben. Nach dem Maximum im Jahre 1970 fällt demnach die Erzeugung bei einem Preis von 35 Dollar je Feinunze bis 1980 im wichtigsten westlichen Erzeugerland bereits auf die Hälfte des Jahres 1970 ab. Weiter zeigt sich, daß auch eine zum Teil beträchtliche Preiserhöhung nur eine zeitlich begrenzte Ausbeutung vorher unrentabler Goldvorkommen bewirken kann. Der Stand von 1970 wird nach Bild 2 voraussichtlich in keinem Fall wieder erreicht.

Nun ist es allerdings noch zu früh, um ein klares Urteil über die jetzige Beeinflussung der Produktion durch die im Vergleich extrem hohen Preissteigerungen der letzten beiden Jahre abzugeben. Theoretisch werden mit der Möglichkeit, Gold zu hohen Preisen absetzen zu können, bisher unrentable Vorkommen wieder oder erst rentabel und damit vom wirtschaftlichen Standpunkt aus betrachtet abbauwürdig. Besonders Südafrika, das diese Preissteigerungen seit Jahrzehnten erfolglos gefordert hatte, und Rußland profitieren davon, da sie die größten Vorkommen besitzen. Da die russischen Zahlen nicht veröffentlicht werden, müssen sichtbare Veränderungen in bezug auf eine Erhöhung der Goldgewinnung am ehesten in Südafrika auftreten.

Häufig sind Schätzungen über zukünftig zu erwartende Vorräte angestellt worden. Dabei hat es sich jedoch fast jedes Mal gezeigt, daß die Angaben über vorhandene und geschätzte Reserven nach wenigen Jahren von den tatsächlichen Gegebenheiten überholt worden waren. Es ist also höchst fragwürdig, irgendwelche Prognosen in dieser Richtung geben zu wollen. Der Hinweis mag genügen, daß bei dem heutigen Stand der technischen Entwicklung und der (geologischen) Voraussetzungen die Wahrscheinlichkeit wesentlich geringer geworden ist, neue große Lagerstätten aufzuspüren, die die Produktionszahlen über längere Zeiträume hinweg wieder in die Höhe (und noch höher als 1970) treiben können.

3.2 Verteilung des Goldes

Seine wirtschaftlich bei weitem wichtigste Verwendung findet das Gold im Geldwesen. Nach den Statuten des IWF soll Gold in unbearbeitetem Zustand — abgesehen von Industriegold — grundsätzlich bei den Notenbanken zentralisiert sein und nicht an die Bevölkerung verkauft werden. Aus diesem Grunde ist in vielen Ländern der Welt, wie z. B. in den USA und in England, der private Goldbesitz nicht erlaubt. In anderen Ländern, darunter auch in der Bundesrepublik Deutschland (BRD), wird Gold als nationales und mehr noch als internationales Zahlungsmittel sowie als Wertaufbewahrungsmittel in Form der Schatzbildung und Hortung benutzt. Diese letzte Art ist diejenige, die den privaten Anleger interessiert.

Im Kapitel über die Goldgewinnung ist festgestellt worden, daß bis Ende 1972 ungefähr 71 000 t Gold gefördert worden sind. Das entspricht bei einer Bewertung von 35 Dollar je Feinunze einem Betrag von ca. 80 Milliarden US-Dollar. Den Privatmann interessiert beim Kauf von Gold natürlich, ob das Währungsgold der Notenbanken eines Tages am Markt erscheinen wird. Das ist zwar nicht völlig auszuschließen, aber aus der heutigen Sicht der Weltwährungsproblematik nicht zu erwarten. In welche Hände gelangte oder gelangt die Goldproduktion? Dieser Frage wollen wir uns nun zuwenden.

3.2.1 Gold als Währungsmetall

Nachdem England 1816 als erstes Land den Schritt zur Goldwährung (bei einer damaligen jährlichen Produktion von knapp 15 t) wagte, hat das Gold immer mehr die Eigenschaft einer Reservewährung für das jeweilige Land angenommen. Der Höhepunkt der Goldwährungsepoche lag von der Jahrhundertwende bis 1914. In dieser Zeit hatten die staatlichen Münzbehörden oder Zentralbanken große Mengen Gold angekauft und zum Teil in Form von Goldmünzen in den normalen Geldkreislauf gebracht. In Deutschland gab es lange die sog. hinkende Goldwährung. Dies bedeutete, daß zwei Edelmetalle, Gold und Silber, bzw. die aus ihnen geprägten Münzen gesetzliches Zahlungsmittel waren, wobei aber nur das Gold frei ausprägbar war. Erst mit dem 1. 10. 1908 war das Zeitalter der hinkenden Goldwährung zu Ende, als die letzte Silbermünze, der Taler, außer Kraft gesetzt wurde.

Der 1. Weltkrieg setzte der Goldwährung ein Ende. Nach dem Kriege wurden die Goldmünzen überall nach und nach aus dem Verkehr gezogen (siehe Tab. 4). Der Goldbestand der Zentralnotenbanken der Welt lag 1913 bei 16,635 Mrd. Dollar. Bis 1938 stieg er auf 26,42 Mrd. Dollar. Gleichzeitig fand eine Vermögensumschichtung statt. Während Europa 1913 59 % des Weltgoldbestandes besaß, verfügten die USA im Jahre 1938 über mehr als die Hälfte des Goldbestandes, nähmlich 56 % (siehe Tab. 4).

Nach dem 2. Weltkrieg ergab sich ein ähnliches Bild. Der Goldbestand der USA hatte weiter zugenommen und erreichte 1948 sein Maximum mit 24,4 Mrd. Dollar. Tab. 5 zeigt die Goldbestände der Zentralbanken 1938 und von 1947 an jährlich. Man sieht, wie die deutschen und die französischen und in geringerem Maße auch die schweizerischen Goldbestände zugenommen haben, während England nahezu konstante Mengen aufzuweisen hat und die USA infolge ihrer schon chronisch zu nennenden Zahlungsbilanzdefizite von 1957 an bis zum Ende der uneingeschränkten Goldeinlösungspflicht 1968 laufend eine Verringerung ihrer Bestände hinnehmen mußten. Auch erkennt man, daß Südafrika als größtes Goldgewinnungsland seine Goldproduktion nicht im eigenen Land hortet, sondern sie kontinuierlich absetzt. Das geschieht überwiegend auf dem Londoner Goldmarkt, wohin das Gold auf Schiffen der Union-Castle-Linie gebracht wird. Bei einer Fracht von 5 Cent je Unze ist Gold in London billiger als in Johannesburg. In jüngster Zeit soll Südafrika Zeitungsberichten zufolge bis zu 75 % seines Goldes über Zürich verkauft haben. Die höheren Transportkosten scheinen demzufolge bei dem enorm gestiegenen Goldpreis nicht mehr die Rolle zu spielen, die ihnen früher von Seiten Südafrikas beigemessen wurde.

Der Anteil der Goldreserve eines Landes an den gesamten Währungsreserven dieses Landes ist oft gesetzlich geregelt. Auch wenn dies nicht der Fall ist, muß ein bestimmter Teil aus Sicherheits- und Liquiditätsgründen in Gold gedeckt sein. Der tatsächlich vorhandene prozentuale Anteil der Goldreserven an den gesamten Währungsreserven lag Ende der fünfziger Jahre in der BRD bei ca. 50 %, in Frankreich bei ca. 80 %, in England bei ca. 90 % und in der Schweiz bei 94 %. Es wird geschätzt, daß sich zwischen 55 % und 60 % des gewonnenen Goldes im Besitz der Zentralbanken und der Währungsbehörden befinden und folglich zu monetären Zwecken verwendet werden.

Wenn die Bestrebungen Erfolg haben sollen, das Gold genauso zu demonetisieren, wie das bereits beim Silber geschehen ist, müßten sich die betreffenden Zentralnotenbanken eines Tages vom Gold trennen und es meistbietend auf dem Markt verkaufen. Diesen Vorgang hat L. A. Hahn als zwangsläufig vorausgesagt. Momentan ist von einer derartigen Entwicklung bei den zuständigen Währungsbehörden noch nichts zu bemerken. Ob es jemals so weit kommt, darf zumindest aus heutiger Sicht bezweifelt werden.

3.2.2 Gold als Ware und Gold für Hortungszwecke

Gold wird in zunehmendem Maße in der Industrie verwendet. Einmal werden Schmuck- und Gebrauchsgegenstände aus Gold gefertigt, zum anderen wird Gold für verschiedene technische und medizinische Zwecke benötigt, wo besondere Anforderungen an die Unempfindlichkeit des Materials gestellt werden. In Tab. 6 sind u. a. die Zahlen für die Verwendung in der Industrie aufgezeichnet. Man erkennt, daß der Industriebedarf gerade für die Jahre ab 1965 eine starke Steigerung erfahren hat. Bei einer Betrachtung der Jahre ab 1968 läßt sich sagen, daß ca. 75 % zu Schmuck verarbeitet worden ist, 5—6 % für zahnärztliche Zwecke Verwendung fand, 6—10 % für Münz- und Medaillenprägungen und 11—14 % für die übrige, vor allem die elektronische Industrie verbraucht wurde.

Nach Schätzungen steigt die Nachfrage der Zahnärzte nach Gold um ca. 5 % jährlich an. 1975 wird dann ein Bedarf von 117 t vorliegen. Noch stärker wird mit voraussichtlich ca. 6 % jährlich in den nächsten zehn Jahren der Goldbedarf der elektronischen Industrie zunehmen. Der Bedarf für elektronische Zwecke soll nach in Südafrika vorliegenden Berechnungen im Jahre 1975 eine Höhe von 149 t erreichen. Interessant ist, daß sowohl die Nachfrage der Zahnärzte als auch die der Elektronik-Industrie praktisch unabhängig von möglichen Preissteigerungen sein werden. Die Wachstumsrate des gesamten industriellen Goldbedarfs wird etwas niedriger mit ca. 4 % jährlich geschätzt.

Aus Tab. 6 kann man ebenfalls die recht unterschiedliche Entwicklung der privaten Hortung entnehmen. Höhepunkte liegen während des Korea-Krieges 1951 bis 1953, bei der Goldpreishausse 1960 und besonders bei der Goldspekulation von 1965 bis 1968 vor. 1970 war wieder ein Tiefpunkt, von dem aus der Trend erneut aufwärts ging. Gemäß den unter 2.3 beschriebenen Besonderheiten bei der Preisbildung ist anzunehmen, daß die Zahlen für die private Hortung für 1972 und 1973 über der von 1971 liegen.

Es bereitet gewisse Schwierigkeiten, den Goldbedarf der Industrie von dem für die private Hortung einigermaßen genau abzugrenzen. Das liegt daran, daß unter privater Hortung z. B. Schmuck erfaßt sein kann, der bereits im Industriebedarf enthalten ist. Diese Doppelerfassung ein und derselben Goldmenge verfälscht naturgemäß die Zahlen. Deshalb wird mit den folgenden Werten nur die Summe beider Verwendungsarten angegeben. Für 1972 lag der gesamte Weltgoldbedarf bei ca. 1450 t. Er steigert sich voraussichtlich 1973 auf 1550 t und 1974 auf 1580 t bei einer geschätzten Neugewinnung von 1200 t für 1974.

Aus diesen Daten kann der private Anleger den Schluß ziehen, daß das Gold ein immer begehrterer und knapperer Artikel wird. Daß das nicht ohne Einfluß auf den Preis ist, hat man 1972 und 1973 zur Genüge gesehen. Auf den nächsten Seiten wollen wir auf den Goldpreis noch genauer eingehen.

3.3 Der Preis des Goldes[9]

Seit das Gold zum international üblichen Währungsmetall geworden ist, unterliegt seine Preisbildung anderen Gesetzen als diejenige der übrigen Waren. Der Tauschwert des Goldes wurde bis 1968 weder durch das freie Spiel von Angebot und Nachfrage bestimmt noch durch die Produktionskosten bei der Gewinnung. Er wurde letztlich durch den Preis festgelegt, den die maßgeblichen Zentralnotenbanken für das an sie abgelieferte Gold bezahlten. Die Produktionskosten des Goldes unterliegen sowohl zeitlichen als auch räumlichen Schwankungen; sie sind von einem Abbaugebiet zum anderen verschieden hoch. Das bedeutet: Da die Kosten keinen Einfluß auf den Preis haben, muß sich die Goldgewinnung dem Preis anpassen. Steigende Kosten bewirken somit die Schließung derjenigen Goldgruben, die zuvor bereits am Rande der Rentabilität gearbeitet haben. Andererseits erhält die Goldgewinnung einen Auftrieb, wenn Verbesserungen durch technischen Fortschritt eintreten oder wenn Währungsabwertungen oder Goldpreiserhöhungen stattfinden.

Und damit kommt man wieder zum wichtigsten: Gold ist über die jeweilige Währungsparität mit einer bestimmten Wäh-

---

[9] siehe dazu: Bergemann, a.a.O., S. 22 ff.
  Enzyklopädisches Lexikon für das Geld-, Bank- und Börsenwesen, a.a.O., S. 667 ff.

rung verknüpft. Dabei spielt der Dollar als Leitwährung der westlichen Welt (heute allerdings schon eingeschränkt) die größte Rolle. Es genügt, die Parität des Goldes zum Dollar zu kennen, dann lassen sich mit Hilfe der Wechselkurse zum Dollar die Umrechnungen zum Gold durchführen.

Wie man aus Tab. 4 sieht, haben die USA bis zum 1. Weltkrieg nicht so viel Gold besessen wie die Europäer. Damals war der Londoner Goldpreis entscheidend für die Umrechnungen. Da sich die Relationen nach dem 2. Weltkrieg weiter zugunsten der USA verschoben haben, wird seitdem wegen der wirtschaftlichen Vorherrschaft der USA der Londoner Goldpreis nicht mehr in englischen Shilling, sondern in US-Dollar angegeben. London ist nach dem 2. Weltkrieg wieder zum ersten Goldmarkt der Welt geworden. Im Währungsabkommen von Bretton-Woods vom 23. 7. 1944 waren als Leitwährungen der Dollar und das englische Pfund vorgesehen. Das englische Pfund ist schon seit längerem als Leitwährung in den Hintergrund getreten und lediglich noch für Commonwealth-Länder von Interesse. Nur der Dollar wird heute als Leitwährung noch erwähnt, aber selbst er soll möglichst durch sog. Sonderziehungsrecht (SZR) abgelöst werden.

Diese SZR sind erstmals 1970 ausgegeben worden. Sie stellen das erste internationale Buchgeld dar, das aus autonomer, supranationaler Geldschöpfung hervorgeht und hinter dem kein einzelner Emittent steht. Buch-, Bank- oder Giralgeld wird das Geld des bargeldlosen Zahlungsverkehrs genannt. Die SZR weisen keine Realwertdeckung auf, und ihr Wert beruht daher ausschließlich auf der Annahmebereitschaft der beteiligten Staaten[10].

Vor der Schaffung der SZR hat es mehrere Arten von Goldwährungen gegeben. Bis 1914 herrschte die Goldumlaufwährung vor. Bei ihr fungierten als Geld vollwertige Goldmünzen, neben denen es allerdings noch in Deutschland in Gold einlös-

---

10 Bienert, Kurt, Die Sonderziehungsrechte, In Zeitschrift: Wirtschaftswissenschaftliches Studium, 1. Jahrgang, Heft 11, München und Stuttgart, 1972, S. 477 ff.

bare Banknoten gab. Nach dem 1. Weltkrieg schuf man in einigen Ländern vorübergehend die Goldbarrenwährung. Privatleute konnten zum Paritätspreis gegen Banknoten und Giralgeld bei der Zentralbank Goldbarren kaufen und verkaufen. Weiter von der Golddeckung weg führt die Golddevisenwährung. Sie ist keine Goldwährung im eigentlichen Sinne mehr. Die Länder (Deutschland seit 1924) benutzen Gold und in Gold einlösbare Devisen, also Devisen von Goldwährungsländern, als Deckungsreserve. Voraussetzung ist dafür die volle Konvertierbarkeit der Währungen der beteiligten Länder.

Das heutige Währungssystem ist eine Mischung aus Golddevisenstandard und autonomem internationalen Buchgeldstandard. Die bereits beschriebenen SZR, die ausschließlich im Verrechnungsverkehr zwischen den einzelnen Zentralbanken, dem IWF und anderen Institutionen mit Zentralbankfunktionen als internationales Zahlungsmittel gelten, lösen als Reserve- und beschränktes Zahlungsmittel den Golddevisenstandard teilweise ab. Sie berechtigen nur zum Erwerb von konvertiblen Devisen. Somit können die SZR evtl. dazu betragen, das Gold zu demonetisieren.

Doch soweit ist es noch nicht. Nach diesem kurzen Exkurs in die Währungspolitik wird im folgenden einiges über die Goldpreisbildung besonders nach dem 2. Weltkrieg gesagt werden. Für ein besseres Verständnis der heutigen Situation ist das erforderlich. Gleichzeitig erhält man einen guten Einblick in die Wirkungsweise des Marktes.

3.3.1 Der Goldpreis bis 1945

Der amtliche Goldpreis war in den USA seit 1837 laut Kongreßbeschluß auf 20,67 Dollar je Feinunze festgesetzt worden. Mit zeitweiligen Suspendierungen galt dieser Preis von 1878 bis 1933. Am 19. 4. 1933 wurde der Dollar abgewertet, und mit mehreren Zwischenschritten wurde der neue amtliche Dollarpreis am 31. 1. 1934 zu 35,– Dollar je Feinunze bestimmt. Diese Dollar-Abwertung war zugleich eine Goldaufwertung und hatte zur Folge, daß, wie unter 3.1.4 erläutert, fast zwangsläufig die Goldgewinnung stark zunahm.

Der amtliche Goldpreis von 35,– Dollar je Feinunze, der für den internationalen Handel galt, war bis zum März 1968 gültig. Zu diesem Preis konnte auch der private Anleger, in dessen Land der Golderwerb gestattet war, jederzeit Gold kaufen. Nun darf man daraus aber nicht den Schluß ziehen, daß der Goldpreis während des gesamten Zeitraums von 1934 bis 1968 für den privaten Anleger bei 35,– Dollar je Feinunze lag. Dies stellt, wie gesagt, nur den amtlichen Preis dar. Schwarzmarktpreise nach dem 2. Weltkrieg, Verbot des Goldkaufs für den Privaten vor und während des 2. Weltkrieges und zum Teil noch danach sowie Spekulationen ließen die Preise fast so extrem steigen, wie das seit 1972 der Fall ist.

3.3.2 Der Goldpreis bis 1954

Nach dem Ende des 2. Weltkrieges wiesen die Kurse anfangs große zeitliche und räumliche Unterschiede auf, da die Verbindung zwischen den meisten schwarzen und nur in wenigen Fällen freien Märkten sehr mühevoll war und deshalb hohe Kosten verursachte. In den Jahren 1946 und 1947 schwankte der freie Goldpreis zwischen 36,– und 80,– Dollar je Feinunze, stieg stellenweise aber auf 100,– Dollar und mehr. Da beim Verkauf des Goldes auf dem freien Markt wesentlich höhere Preise als bei der Ablieferung an die Währungsbehörden erzielbar waren (die sog. Prämienpreise), strömte ein Teil des neu gewonnenen Goldes diesem Markt zu. Ferner pflegten verschiedentlich auch Notenbanken und andere zentrale Währungsbehörden Gold auf dem freien Markt, namentlich zur Regulierung der Preise, zu kaufen.

Die Goldmengen, die den freien Märkten zuflossen und folglich von privaten Hortern aufgenommen wurden, erreichten im Jahre 1947 einen so großen Umfang, daß der IWF sich zum Eingreifen veranlaßt sah und am 24. 6. 1947 seine Mitgliedsstaaten aufforderte, Maßnahmen zur Unterbindung des freien

Goldhandels zu Prämienpreisen zu ergreifen. Dieser Aufforderung wurde von verschiedenen Regierung und Notenbanken sofort Folge geleistet. Das Vorgehen des IWF erwies sich aber sehr bald als ein Schlag ins Wasser, da der von ihm entfesselte Feldzug gegen den freien Goldhandel sich wie so oft nicht gegen die wahren Ursachen des allgemeinen Währungszerfalls, nämlich die Inflation, sondern nur gegen ein Symptom und eine Folge dieses Zerfalls richtete. Das Ergebnis dieses Feldzuges bestand denn auch vornehmlich darin, daß die freien Goldpreise infolge der drohenden Verminderung des Goldangebotes in die Höhe schnellten.

Unter diesen Umständen sahen sich die Regierungen vor die Notwendigkeit gestellt, sich mit dem freien Goldhandel auf andere Weise als durch einfache Verbote zu befassen. Da die vom IWF erteilten Weisungen sich nur auf den internationalen Goldhandel, nicht aber auf die Regelung des Goldhandels in den einzelnen Ländern bezogen, nahm Frankreich sehr bald die hinsichtlich des Inlandmarktes eingeräumte Bewegungsfreiheit wahr, um einen freien amtlichen Goldmarkt in Paris ins Leben zu rufen (Gesetz vom 2. 2. 1948). Der Besitz von und der Handel mit Goldmünzen und -barren wurden innerhalb Frankreichs und Algeriens für Inländer gestattet. An der Pariser Börse wurde ein besonderer Markt eingerichtet, wo diese Münzen und Barren notiert wurden. Paris entwickelte sich innerhalb kurzer Zeit zum umsatzstärksten Goldmarkt der Welt. Der Preis lag um 70—80 % über der amtlichen Dollarparität. Da jedoch die Ein- und Ausfuhr von Gold weiter offiziell verboten blieb, lag kein Verstoß gegen die Bestimmungen des IWF vor. Angeblich kam das gesamte in Paris angebotene Gold aus privaten Horten bzw. aus der Neugewinnung in französischen Überseegebieten. Es ist aber ein offenes Geheimnis, daß die Belieferung des französischen Marktes schon seit 1948 durch Schmuggel aus der Schweiz erfolgte. Weitere Märkte nach französischem Vorbild entstanden bald in Mailand, Brüssel, Alexandrien, Bombay, Bangkok, Hongkong und an anderen Plätzen. Teilweise waren es freie Märkte, teilweise nur von den Behörden geduldete, an denen Münzen und Barren in einheimischer Währung gehandelt wurden. Zu dieser Zeit erreichten die Goldreserven der USA mit 24,4 Mrd. Dollar ihren Höhepunkt.

Die Versorgung der Märkte mit Gold war zunächst verhältnismäßig schwierig. Die Verhältnisse änderten sich in dieser Hinsicht erst im Februar 1949, als Südafrika als der wichtigste Goldproduzent der Welt seine Absicht bekanntgab, einen Teil seiner Goldproduktion auf dem freien Markt zu verkaufen. Diese Verkäufe erfolgten zu Prämienpreisen gegen Dollarwährung. Bald darauf, im Mai 1949, kam zwischen Südafrika und dem IWF ein Übereinkommen zustande, dem zufolge die südafrikanischen Goldminen die Befugnis erhielten, einen Teil ihrer Goldproduktion auf den freien Märkten in Form von sog. Industriegold zu Prämienpreisen abzusetzen. Das Industriegold hat einen Feingehalt von 22 Karat entsprechend 916 2/3 Tausendstel. Das Vorgehen Südafrikas übte einen nachhaltigen Eindruck nicht nur auf die Versorgung der Goldmärkte, sondern auch auf die Preisbildung im freien internationalen Goldverkehr aus. Der freie Preis für Barrengold, der sich Anfang 1949 in Europa auf ca. 50,– Dollar je Feinunze eingependelt hatte, ermäßigte sich gegen Ende des gleichen Jahres auf 45,– Dollar und im Frühjahr 1950 auf unterhalb 40,– Dollar.

Diese Vorgänge wurden durch zwei weitere Umstände begünstigt. Einmal fand auf die 30,5 %-Abwertung des englischen Pfundes am 19. 9. 1949 im Anschluß eine allgemeine Anpassung der amtlichen Währungsparitäten an die tatsächlichen Verhältnisse statt. Dadurch wurde der Dollar als Leitwährung gestärkt. (Die Stellung des englischen Pfundes als Leitwährung war damit praktisch schon zu Ende). Dies war ein entscheidender Schritt auf dem Wege zur Konsolidierung der Währungen. Zum anderen bewirkte der Sieg der kommunistischen Regierung in China an der Jahreswende 1949/1950 das Ausscheiden dieses Landes als Käufer von Gold. China war zuvor in den Jahren 1947 bis 1949 als einer der Hauptabnehmer für das auf den freien Märkten zum Verkauf gelangende Gold aufgetreten, nicht zuletzt dank der ihm zufließenden amerikanischen Unterstützungen.

In der Zeit von Februar 1949 bis März 1954, also seit dem

Beginn der südafrikanischen Verkäufe von Industriegold bis zur Wiedereröffnung des Londoner Goldmarktes, nahmen die Verkäufe der Goldproduzenten auf den freien Märkten fortschreitend zu. Südafrika setzt zunächst etwa 10 % seiner Gesamtproduktion in Form von Industriegold zu freien Marktpreisen ab. Bald darauf erreichten die Verkäufe bereits ca. 20 % der südafrikanischen Goldgewinnung, und im Frühjahr 1951 umfaßten sie schließlich sogar 40 % der laufenden Produktion. Das Ansteigen der südafrikanischen Verkäufe auf den freien Märkten hing wohl damit zusammen, daß die dort erzielbaren Preise unter einigen Schwankungen nach und nach sanken. Deshalb mußten zur Erzielung gleicher Gewinne größere Goldmengen abgesetzt werden.

Nachdem der IWF, des ebenso sinn- wie erfolglosen Kampfes gegen den freien Goldhandel überdrüssig geworden, im September 1951 eine neue Erklärung veröffentlicht hatte, die es den einzelnen Ländern freistellte, den internationalen Goldhandel nach ihrem Gutdünken zu regeln, gesellten sich zu den Südafrikanern noch andere Goldproduzenten. Die Versorgung des freien Marktes wurde immer reichlicher, und das führte natürlich dazu, daß sich die Preise kontinuierlich ermäßigten. Im Sommer 1950 bewegte sich der freie Weltmarktpreis für Gold zwischen 37,– und 38,– Dollar je Feinunze. Der Beginn des Korea-Krieges führte zu einem vorübergehenden Auftrieb der Kurse. Diese stiegen in der ersten Hälfte des Jahres 1951 bis auf 44,– Dollar. Doch sehr bald kam es wieder zu einer rückläufigen Tendenz, so daß der Weltmarktpreis im Frühherbst 1953 auf ca. 36,50 Dollar zurückging.

Dieser Stand veranlaßte die südafrikanischen Produzenten im Oktober 1953 dazu, auf den mit Rücksicht auf den IWF bis dahin eingeschlagenen Umweg über das minderwertige Industriegold zu verzichten und dem freien Goldmarkt unmittelbar hochwertiges Währungsmetall zu liefern. Die bisher im freien Goldpreis mitberechneten Umschmelzungskosten in Höhe von 0,40 Dollar je Feinunze entfielen nunmehr. Bei den so verminderten Gestehungskosten des auf dem freien Markt angebotenen Goldes beschleunigte sich der Kursrückgang, so daß der freie

Weltmarktpreis rasch auf den Stand der amtlichen amerikanischen Parität von 35,– Dollar je Feinunze zurückfiel.

3.3.3 Der Goldpreis bis 1960

Der Preis des Goldes auf dem freien Markt von ca. 35,– Dollar je Feinunze blieb auf dieser Höhe von Ende 1953 bis Mitte 1960. Wesentlich zu dem gegenüber den vorangegangenen Jahren starken Preisrückgang beigetragen haben die reichliche Versorgung der freien Märkte durch die Goldproduzenten und das in den fünfziger Jahren in Erscheinung getretene Nachlassen der Hortungskäufe. Als hauptsächlichen Grund für das Nachlassen der privaten Nachfrage ist das gestiegene Vertrauen in die Währungen zu nennen, das sich mit der Zügelung der inflationistischen Tendenzen und mit der Konsolidierung der Wirtschaftslage ergab. Die weitere Normalisierung fand in der Wiedereröffnung des Londoner Goldmarktes am 22. 3. 1954 ihren Ausdruck. Dieser wurde bezüglich der Preisbildung von der Bank von England überwacht, war und ist aber sonst grundsätzlich in seiner Preisbildung frei. Auf ihm änderten sich normalerweise die notierten Goldpreise in nur bescheidenem Umfang, da ein Höchst- und ein Mindestpreis bestanden haben.

Solange nämlich das amerikanische Schatzamt bereit gewesen ist, von ausländischen Notenbanken, internationalen Institutionen und Regierungen Gold zum festen Preis von 35,– Dollar je Feinunze abzüglich einer „handling charge" (Umschlagsspesen) von 1/4 % zu kaufen, konnte angenommen werden, daß unter Berücksichtigung der die Goldverbringung von London nach New York belastenden Transport-, Versicherungs- und anderer Kosten der Londoner Goldpreis nicht unter 34,80 Dollar sinken würde. Der Höchstpreis bestimmte sich grundsätzlich dadurch, daß das amerikanische Schatzamt für berechtigte monetäre Zwecke Gold an Zentralnotenbanken, internationale Institutionen und Regierungen zum Preis von 35,– Dollar je Feinunze zuzüglich bereits obengenannter Umschlagsspesen abgab. Unter Berücksichtigung der mit dem Transport des Goldes von New York nach London verbundenen Kosten stellte sich der höchste Dollarpreis für Gold auf ca.

35,20 Dollar. Die Punkte 34,80 und 35,20 Dollar durfte man aber im Gegensatz zu den früheren oberen und unteren Goldpunkten zu Zeiten des Goldstandards vor dem 1. Weltkrieg nur als theoretische Punkte ansehen, da Gold in New York nur von Währungsbehörden gekauft werden durfte.

3.3.4 Der Goldpreis bis 1968

Die panikartigen Goldkäufe, die im Herbst 1960 vorgenommen wurden, kennzeichneten das Ende des nach dem Kriege eingeleiteten fortschreitenden Aufbaues einer freiheitlichen internationalen Währungsordnung, die im Zeichen der Abkommen von Bretton-Woods die Rückkehr zur Golddevisenwährung mit dem Dollar (in begrenztem Umfang auch mit dem englischen Pfund) als Leitwährung anstrebte. Zuletzt wurde 1958 die volle Konvertibilität der Währungen in fast allen europäischen Ländern eingeführt. Im Europäischen Währungsabkommen (EWA) verpflichteten sich die Mitglieder, ihre Währungen auf den Devisenmärkten gegenseitig zu stützen und etwaige Salden in der Leitwährung Dollar abzudecken.

Infolge der hervorragenden Stellung, die der Dollar in dem nach dem 2. Weltkrieg entstandenen internationalen Währungssystem einnimmt, hängt die Funktionsfähigkeit dieses Systems in weitem Umfang von der Lage der amerikanischen Währung ab. Als die amerikanische Zahlungsbilanz im Jahre 1958 passiv wurde und die USA, deren Goldbestände 1957 22,86 Mrd. Dollar erreicht hatten, im Laufe des Jahres 1958 2,28 Mrd. Dollar in Gold verloren, legte man dieser Wendung keine besondere Bedeutung bei. Man glaubte sogar in der Neuverteilung der Goldbestände einen positiven Beitrag zur Normalisierung der internationalen Währungslage erblicken zu können. Auch die neuen Goldverluste der USA im Jahre 1959, wobei die Bestände um 1,07 Mrd. Dollar auf 19,50 Mrd. Dollar zurückgingen, erregten kein besonderes Aufsehen. Der Londoner Markt war in diesen Jahren vornehmlich ein Markt der Zentralbanken. Über ihn ging der überwiegende Teil der Neuproduktion sowie der russischen Verkäufe in die amtlichen Kanäle und trug zur Vermehrung der Notenbankbestände bei. Die Londoner Goldpreise hielten sich dabei weiter in der Höhe der amtlichen amerikanischen Parität von 35,— Dollar je Feinunze.

Diese Sachlage änderte sich erst ab Ende Juli 1960. Von diesem Zeitpunkt an traten die ersten Anzeichen einer Flucht aus dem Dollar in Erscheinung. Die anhaltenden amerikanischen Zahlungsbilanzdefizite und vor allem die Goldverluste ließen sowohl im Ausland als auch in den USA selbst Zweifel an der Stabilität der amerikanischen Währung aufkommen. Verstärkt wurden diese Zweifel noch durch die damals geführte Wahlkampagne (Befürchtung einer Inflationspolitik im Falle des Wahlsiegs Kennedys). Die private Goldnachfrage wurde Mitte Oktober 1960 durch Kaufaufträge in den USA ansässiger Interessenten weiter erhöht. Da Südafrika infolge des Verlustes von mehr als einem Drittel seiner Währungsreserven im Verlauf der letzten Monate des Jahres 1960 die Goldabgaben an die Bank von England einschränkte, erwies sich das Goldangebot am Londoner Markt als unzureichend. Die Bank von England versuchte zunächst die Aufwärtsbewegung der Preise durch regelmäßige Goldabgaben in engen Grenzen zu halten. Aber auf die Dauer erwies sie sich als machtlos. Vom 19.—21. Oktober gingen die Preise sprunghaft in die Höhe. Sie erreichten am 25. Oktober ihren Höchststand von 38,— Dollar je Feinunze. Spitzenpreise von bis zu 41,50 Dollar je Feinunze beruhten nur auf panikartigen Kaufaufträgen zum besten Preis oder auf Anfragen, zu welchem Preis Gold erhältlich sei. Hierbei ist zu berücksichtigen, daß sich keine Währungsbehörde am Londoner Goldmarkt als Käufer beteiligen durfte, solange der Goldpreis einschließlich aller Kosten um mehr als 1 % über der amtlichen Parität lag. Gemäß den Bestimmungen des Abkommens über den IWF durften die Währungsbehörden Gold also nur bis zu einem Maximalpreis von 35,35 Dollar je Feinunze kaufen.

Unter dem Eindruck des Goldfiebers erklärte sich das amerikanische Schatzamt Ende Oktober 1960 bereit, der Bank von England im Bedarfsfalle Gold aus der nationalen monetären Reserve der USA zwecks Stabilisierung des Londoner Goldpreises zur Verfügung zu stellen. Daraufhin sank der Preis innerhalb einer Woche unter 37,— Dollar je Feinunze, und seit dem

10. 11. 1960 überschritt er 36,– Dollar je Feinunze nicht wieder.

Normale Markteinflüsse, die allerdings durch die erwähnten Vereinbarungen mitbeeinflußt sein mochten, führten zu einem weiteren Nachgeben des Goldpreises. Die Goldverkäufe des amerikanischen Schatzamtes an England betrugen im letzten Quartal 1960 insgesamt 350 Millionen Dollar, während die Goldreserven Englands in dieser Zeit nur um 125 Millionen zunahmen.

Nachdem Präsident Kennedy allen amerikanischen Staatsangehörigen am 14. 1. 1961 verboten hatte, Gold zu besitzen und nach weiteren Erklärungen, die Goldparität nicht zu ändern, sank der Goldpreis wieder bis auf die amtliche Parität von 35,– Dollar je Feinunze ab. Ein erhöhtes Angebot trat auch durch die Auflösung amerikanischer privater Goldbestände im Ausland und durch private Goldliquidationen nach dem Zusammenbruch der Goldpreishausse ein.

Die Struktur des Londoner Goldmarktes änderte sich grundlegend. Waren vor der Goldpreishausse vornehmlich die Notenbanken als Käufer des Goldes aufgetreten, so übernahmen sie nunmehr die undankbare Aufgabe, die private Nachfrage zu Hortungszwecken zu decken, damit sich die freien Marktpreise nicht wesentlich von der amtlichen Parität von 35,– Dollar je Feinunze entfernten. Im Oktober 1961 schlug die amerikanische Währungsbehörde eine Erweiterung der Basis für die Interventionen am Londoner Goldmarkt vor. Dieser Vorschlag strebte eine Beteiligung bei der Aufbringung des Goldes an, das der Bank von England zur Ausschaltung gefährlicher Rückwirkungen spekulativer Kapitalbewegungen oder politischer Krisen am Londoner Goldmarkt zur Verfügung stehen sollte. Acht führende Zentralnotenbanken, darunter auch die der BRD, schlossen sich daraufhin zum sog. Goldpool zusammen. England als Agent konnte jetzt von den Teilnehmern bestimmte Goldbeträge bei Stützungsaktionen anfordern.

Wenn die Konsolidierung der Golddevisenwährung trotzdem nicht recht gelingen konnte und infolgedessen die private Goldnachfrage weiterhin bedeutend blieb, so erklärt sich das vor allem dadurch, daß den von den USA 1958 zur Überwindung ihres Zahlungsbilanzdefizits entfalteten Bemühungen der Erfolg versagt blieb, so daß auch die amerikanischen Goldverluste anhielten. Ungeachtet der Zusammenarbeit der übrigen Notenbanken gelang es daher nicht, das ins Wanken geraten Vertrauen in die Leitwährung Dollar wieder voll herzustellen. Dies bildete die Hauptursache für die anhaltende Zunahme der privaten Goldhorte.

So gab es 1962 wieder stärkere Goldkäufe am Londoner Goldmarkt, da Wechselkursänderungen verschiedener Währungen befürchtet wurden und im Herbst die Kuba-Krise die Nachfrage nach Gold stark erhöhte. Der Goldpool verlor zunächst fast den gesamten Bestand. Nach der Kuba-Krise kam es zu einem Umschwung am Goldmarkt, und der Goldpool konnte über den ursprünglichen Bestand hinaus noch für 70 Millionen Dollar Gold aufkaufen.

Von 1963 bis 1965 gelang es dem Goldpool, den Goldpreis nicht über die sog. Verschiffungsparität von 35,20 Dollar je Feinunze steigen zu lassen. Aber seit 1964 machte sich auch bei den Zentralnotenbanken das Bestreben bemerkbar, eine weitere Vermehrung ihrer Dollarguthaben nach Möglichkeit zu vermeiden. Besonders radikal ging Frankreich vor, indem die Bank von Frankreich Anfang 1965 150 Millionen Dollar mit einem Schlage beim amerikanischen Schatzamt in Gold umwandelte und ihre Absicht bekanntgab, etwaige weitere Devisenzugänge ebenfalls zu Goldkäufen in den USA zu verwenden. Die französischen Käufe ab Februar 1965 trugen wesentlich dazu bei, daß die amerikanischen Goldverluste, die 1964 auf den bescheidenen Betrag von 0,13 Mrd. Dollar gesunken waren, 1965 auf 1,4 Mrd. Dollar stiegen (siehe auch Tab. 5). Frankreich kaufte das Gold in Erinnerung an die Geldverluste bei der Pfundabwertung des Jahres 1931, als große Pfundguthaben vorhanden waren. Im September 1966 wurden die Goldkäufe eingestellt, da sich Frankreich dann selbst in Zahlungsbilanzschwierigkeiten befand.

Die militärischen Operationen in Vietnam sowie die schon chronisch zu nennenden amerikanischen Zahlungsbilanzdefizite wie auch die Englands wirkten sich in weiteren massiven spekulativen Goldkäufen aus, unter denen auch die Käufe Rotchinas eine Rolle spielten. Die Spekulation wuchs immer mehr, während die USA immer wieder und immer häufiger die Gerüchte über eine Erhöhung des Goldpreises mit Entschiedenheit zurückwiesen. Das hätte nämlich gleichzeitig eine Abwertung des Dollars bedeutet, der Leitwährung der westlichen Welt. Dann hätten alle Länder und Privatpersonen, die Dollar besaßen und denen es möglich war, diese in Gold eintauschen zu können, weniger Gold für ihre Dollars bekommen als zuvor. Und damit wäre die laufend wiederholte und dabei von Mal zu Mal weniger glaubhaft wirkende Garantie der USA, Gold sei so gut wie der Dollar und umgekehrt, hinfällig geworden. Das würde einen erheblichen Vertrauensschwund für die Leitwährung Dollar bedeutet haben. Weitere nicht zu übersehende Spekulations- und Hortungskäufe wären die Folge.

1967 verstärkte sich die Nachfrage nach Gold wiederum. Als weiteres Zeichen für die Überbewertung der Leitwährungen wurde die Abwertung des englischen Pfundes am 18. 11. 1967 um 14,3 % gewertet. Daraufhin beschleunigte sich der Abfluß aus den Goldreserven. Die neue private Nachfrage stellte alle Rekorde früherer Zeiten weit in den Schatten. Auch ein kategorisches Bulletin vom 10. 3. 1968: „Die am Londoner Goldpool beteiligten Notenbanken bestätigten ihre Entschlossenheit, den Pool weiter auf der Basis des festen Preises von 35,– Dollar je Feinunze Gold zu unterstützen" beruhigte nur für wenige Tage, denn bereits am 14. 3. 1968 stellte der Goldpool angesichts der internationalen Goldspekulation die Abgabe von Gold ein. Vom 20. 11. 1967 bis zum 14. 3. 1968 hatten die Goldpoolmitglieder Gold im Wert von ca. 3 Mrd. Dollar verloren (siehe auch Tab. 6).

Vom 15. 3. bis zum 31. 3. 1968 blieb der Londoner Goldmarkt geschlossen, und auf einer Währungskonferenz in Washington wurde eine Neuordnung des internationalen Goldmarktes durchgeführt. Das wichtigste Ergebnis war die Spaltung des Goldpreises in einen Preis für Währungsgold und einen für Warengold.

Das Währungsgold war und ist das Gold, das unter Notenbanken zum Saldenausgleich zum festgelegten Goldpreis von seinerzeit 35,– Dollar je Feinunze gekauft und verkauft wurde. Sämtliche Interventionen am freien Goldmarkt wurden sofort eingestellt. Damit war auch das Ende des nicht einmal acht Jahre alten Goldpools gekommen. Die Goldeinlösungspflicht der USA beschränkte sich auf Geschäfte auf der Notenbankebene. Dadurch blieb dem Dollar eine Leitfunktion, andererseits wurde der starke Schwund an Goldvorräten gebremst. Innerhalb von zehn Jahren hatten die Goldvorräte von 23 Mrd. auf 10,6 Mrd. Dollar abgenommen.

Das Warengold ist das Gold, das auf dem freien Markt gehandelt wird. Der Markt für dieses gewerbliche und private Gold unterliegt den Marktgesetzen nach dem jeweiligen Angebot und der jeweiligen Nachfrage.

3.3.5 Der Goldpreis seit 1968[11]

Seit dem 1. 4. 1968 besteht also für den privaten Käufer eine völlig anders geartete Ausgangssituation am Goldmarkt. Das kommt nicht nur darin zum Ausdruck, daß das tägliche Festlegen des Goldpreises in London (das sog. fixing) nicht nur einmal am Tag um 10.30 Uhr, sondern seitdem zusätzlich noch ein zweites Mal um 15.00 Uhr stattfindet. Die Goldpreisgarantie gibt es nicht mehr, und die Zentralnotenbanken mit ihren großen Reserven stehen nicht länger zur Verfügung. Lediglich neues Gold, Gold aus osteuropäischen Ländern (vornehmlich aus Rußland) und Gold von Spekulanten und Hortern kommt noch auf den Markt, denn die Notenbanken haben sich verpflichtet, am freien Markt kein Gold zu verkaufen, allerdings auch kein Gold zu kaufen.

Daraufhin erreichte der Goldpreis im Mai 1968 einen Höchststand von 42,60 Dollar am freien Markt (zum Verlauf des Goldpreises in diesen Jahren: siehe auch Bild 3). Im Jahre

---

11 siehe dazu: Köllner, a.a.O., S. 152 ff.
   FAZ vom 5. 2. 1973, „Der Goldpreis war nicht mehr zu halten".

1969 erfolgten weitere Goldspekulationen in Erwartung einer Erhöhung des amtlichen Goldpreises. Der freie Goldpreis erreichte am 10. 5. 1969 den Stand von 43,85 Dollar je Feinunze. Im weiteren Verlauf brach die Spekulation zusammen. Südafrika mußte am freien Markt wegen hoher Zahlungsbilanzdefizite bedeutende Goldmengen verkaufen. Auch die endgültige Einführung der SZR als Ergänzung zur Leitwährung Dollar entmutigte die Spekulation. Vom 29. 9. bis zum 24. 10. 1969 stellte die Bundesbank die Stützung des Dollars in der BRD ein. Anschließend wurde die DM um 8,5 % aufgewertet. Darauf sank der freie Goldpreis am 9. 12. 1969 bis auf die amtliche Parität von 35,– Dollar je Feinunze ab.

1970 kam die Goldspekulation zunächst völlig zur Ruhe. Der freie Goldpreis erreichte mit 34,70 Dollar je Feinunze den tiefsten Stand seit Kriegsende. Ab Oktober 1970 setzte eine verstärkte spekulative Nachfrage ein, und der Preis kletterte auf 39,45 Dollar je Feinunze.

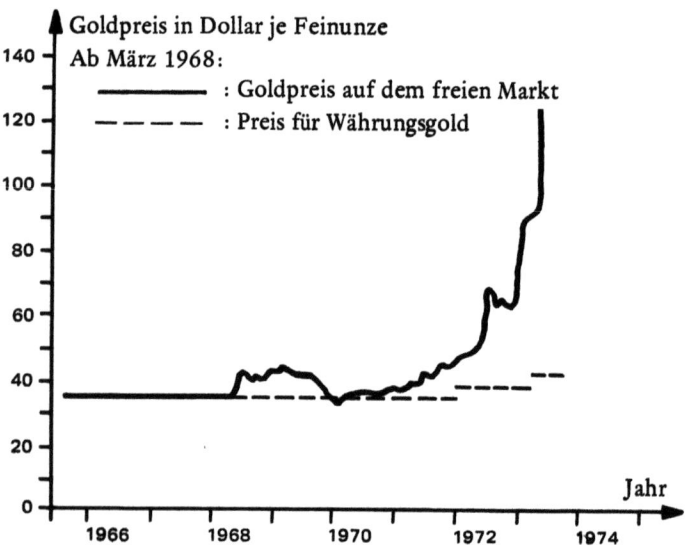

Bild 3: Preis des Goldes von 1966 bis 1973

Wegen zu hoher Dollarzuflüsse floatete die DM vom 9. 5. 1971 ab. Am 15. 8. 1971 hoben die USA ihre Zusage auf, Dollar, die sich in den Händen der Währungsbehörden befinden, zu 35,— Dollar je Feinunze in Gold umzutauschen. Am 18. 12. 1971 wurde im Zusammenhang mit der Neufestsetzung fast aller Paritäten der amtliche Goldpreis auf 38,— Dollar je Feinunze erhöht. Das entsprach einer Dollarabwertung um 8,57 % und war die erste seit 1934. Gleichzeitig wurde die DM gegenüber dem Dollar um 13,57 % aufgewertet, und das DM-Floating ging zu Ende. Der freie Goldpreis stieg nahe bis an 44,— Dollar; zum Jahresende lag er bei 43,62 Dollar je Feinunze.

Im folgenden Jahr herrschte eine große Unsicherheit über das zukünftige Währungssystem, und es gab Diskussionen über eine neuerliche Erhöhung des amtlichen Goldpreises. Die freien Goldpreise stiegen am 2. 8. 1972 bis auf ca. 70,— Dollar je Feinunze. Zum Jahresende sank der Preis wieder auf ca. 65,— Dollar je Feinunze ab.

Das Jahr 1973 stellte in Bezug auf den Goldpreis alles Bisherige weit in den Schatten. Am 13. Februar wurde der Dollar nach knapp 14 Monaten schon wieder abgewertet, dieses Mal sogar um 10 %. Die neue amtliche Parität beträgt seitdem 42,22 Dollar je Feinunze Gold. Am 23. Februar lag der Goldpreis auf dem freien Markt bei 95,— Dollar je Feinunze. Wegen der Milliarden-Dollar-Devisenschwemme wurden Anfang März erneut die Börsen geschlossen. Bei der Wiedereröffnung am 12. März war die DM um 3 % aufgewertet worden, und seitdem floaten die wichtigsten EG-Länder gemeinsam gegenüber dem Dollar, da sie nicht noch länger den schwachen Dollar stützen können, ohne daß die eigenen Währungen dabei erheblichen Schaden erleiden.

Der Goldpreis bewegte sich von Ende Februar bis Anfang Mai im Bereich von 90,— Dollar je Feinunze. Dann erfolgte ein neuer Sprung nach oben. Binnen weniger Wochen stieg der Preis bis fast auf 130,— Dollar je Feinunze. Mitte Juni pendelt er zwischen 120,— und 130,— Dollar je Feinunze. Das entspricht einer Preissteigerung seit Jahresbeginn von gut 90 %! Daß der Dollarkurs Mitte Juni bei ca. 2,55 DM liegt, dürfte nach den bisherigen Ausführungen niemanden mehr verwundern (zum Vergleich: 1969 lag er noch bei 4,– DM und Anfang 1973 bei 3,22 DM).

Obwohl bei der Abfassung der Arbeit erst knapp die erste Hälfte des Jahres 1973 verflossen ist, läßt sich schon jetzt mit Gewißheit sagen, daß alle Spekulationen der Jahre seit 1968 im Vergleich zu 1973 relativ unbedeutend in ihrer Auswirkung auf die Höhe der Preise waren. Zwar ist für die Amerikaner der Vietnam-Krieg vorbei, jedoch die Zahlungsbilanz hat ein so großes Defizit wie noch nie, die Krisen im eigenen Land sind groß und das Mißtrauen in den Dollar nicht geringer. Dadurch hat die Spekulation den Goldpreis so hoch getrieben, wie das selbst die optimistischsten Spekulanten wohl nicht in derart kurzer Zeit vermutet hatten. Die Goldbestände der zentralen Notenbanken sind heute quasi blockiert, denn welche Zentralbank gibt schon Gold an eine andere ab, wenn sie auf dem freien Markt das Dreifache erzielen kann gegenüber der amtlichen Parität. Seit März 1973 ist den Notenbanken gestattet worden, Gold auch auf dem freien Markt zu verkaufen, doch scheinen sie über Erwägungen in dieser Richtung nicht sonderlich weit hinausgekommen zu sein, so daß von seiten der Banken bislang nicht die Absicht erkennbar wird, zur Demonetisierung des Goldes entscheidend mit beizutragen.

Alles in allem: Die Situation ist z. Zt. so verfahren, wie sie nur sein kann. Welche Abhilfe läßt sich da schaffen bzw. durch welche Möglichkeiten kann man versuchen, die Lage zu verbessern?

Man könnte das Gold völlig demonetisieren, aber danach sieht es momentan (noch) nicht aus. Weiter wäre die konsequente Wiedereinführung des Goldes als Währungsmetall denkbar, aber die SZR sprechen dagegen. Vermutlich wird es mehr schlecht als recht so weitergehen wie bisher. Die Notenbanken bestimmen nicht mehr über den Markt, sondern die Marktentwicklung fordert den Zentralnotenbanken Entscheidungen ab, die leider häufig nicht von Dauer sind.

Dies alles fördert keineswegs das Vertrauen der einzelnen Menschen in die Fähigkeit der jeweiligen Notenbank, eine Inflation abzubremsen bzw. sie sogar zu beseitigen. Deshalb besinnen sich auch die privaten Anleger seit Jahren in steigendem Maße auf die Funktion des Goldes als Wertaufbewahrungsmittel und horten das Gold. Erst wenn die letztlich auch vom Staat abhängigen Notenbanken ihren entscheidenden Aufgaben gerecht werden, wird sich die Goldhortung verringern.

4. Zulässigkeit des Goldbesitzes

Während der Zeit der Goldwährung war es selbstverständlich, daß jeder Goldmünzen besitzen und auch, wenn er das wollte, Goldbarren kaufen konnte. Aber bereits am 31. 7. 1914 stellte die damalige Reichsbank nach großen und schnellen Goldabzügen angesichts des drohenden 1. Weltkrieges die Goldeinlösung von Banknoten ein. Dies geschah im Gegensatz zum bestehenden Bankgesetz und erfolgte, nachdem 100 Millionen Goldmark (entsprechend 7,5 % der Bestände) von der Reichsbank abgeflossen waren. Im 1. Weltkrieg gab es ab dem 15. 7. 1917 die Aktion „Gold gab ich für Eisen", die einen recht großen Erfolg hatte, weil damals das Vertrauen des deutschen Volkes in seine Währung noch nicht von zwei Währungsumstellungen erschüttert worden war und deshalb Goldhortungen einen wesentlich geringeren Umfang aufwiesen. Eine Hortung von Goldmünzen konnte man schließlich auch als Sparen im Sparstrumpf auffassen, da diese Umlaufmünzen jederzeit wieder in den Geldkreislauf gebracht werden konnten.

Nach dem 1. Weltkrieg waren die 20 Mark- und die 10 Mark-Goldmünzen zwar noch gültiges Zahlungsmittel, aber jedermann hütete sich davor, diese wertbeständigen Münzen nach den Erfahrungen der Inflation aus den Händen zu geben. Lediglich die USA bildeten eine Ausnahme: Bei ihnen zirkulierten Goldmünzen noch bis 1933/34, also bis zu dem Zeitpunkt etwa, zu dem die Amerikaner den Dollar abwerteten[12]. In Deutschland wurden die Reichsgoldmünzen zu 10,— und 20,— Mark (frühere Goldmünzen) erst am 16. 7. 1938 durch eine Verordnung außer Kraft gesetzt. Die Freizügigkeit des Goldbesitzes in Form von Einfuhr, Ausfuhr, Handel und Besitz war zwischen den beiden Weltkriegen nicht gegeben. Die zu Beginn der dreißiger Jahre eingeführte Devisenbewirtschaftung

---

12 Wittgen, Robert, Gold als Geldanlage, München, 1963, S. 21 und S. 37

verbot dies ohnehin. Zeitweilig war im „Dritten Reich" der Goldbesitz sogar mit der Todesstrafe bedroht. Dennoch haben die meisten Besitzer dieser seinerzeit illegalen Goldmünzenbestände ihren Wagemut nicht zu bereuen brauchen, konnten sie doch ihre so angelegten Ersparnisse über alle Fährnisse des Krieges hinweg bewahren und nach dem Krieg vielfach zum Aufbau einer neuen Lebensgrundlage heranziehen.

Nach dem 2. Weltkrieg gab es bis weit über die Währungsreform vom 20. 6. 1948 hinaus keine Änderung gegenüber dem Vorkriegszustand. Die erste Lockerung für Private, die bis dahin lediglich Bruchgold erwerben durften, bedeutete die Freigabe des Inlandhandels mit numismatisch wertvollen Münzen im Oktober 1951. Darunter fielen zunächst nur solche, die vor dem Jahre 1800 geprägt worden waren. Anfang 1953 wurde diese Grenze generell auf 1830 festgesetzt. Daneben gab es dann einen Katalog später geprägter Münzen, die ebenfalls als numismatisch wertvoll angesehen wurden. Erst am 15. 10. 1954 genehmigte die Bank deutscher Länder nach Zustimmung des Bundeswirtschaftsministeriums und des Bundesfinanzministers zunächst den Binnenhandel. Von dem genannten Zeitpunkt ab durften Inländer unbeschränkt Goldmünzen kaufen und verkaufen, verschenken oder gegen andere Goldmünzen tauschen. Der Handel über die Grenzen der BRD hinaus blieb jedoch vorerst untersagt. Am 8. 6. 1956 wurde dann die Einfuhr freigegeben, und zwar ohne irgendwelche mengen- oder wertmäßigen Beschränkungen[13].

Seit dem 1. 4. 1957 ist auch der Handel mit Goldbarren zugelassen. Von da ab wurden Devisenländer ermächtigt, auch Barrengold zu besitzen[14]. Am 28. 1. 1959 wurde dann die Ausfuhr von Gold erlaubt. Damit sind seitdem alle Beschränkungen im internationalen Goldhandel in der BRD aufgehoben. Mit anderen Worten: Von 1959 an kann der private Anleger in der

---

13 Clausen, Wilhelm, Goldmünzen und Goldbarren als Geldanlage, 1. Aufl., München, 1957, S. 7
14 Enzyklopädisches Lexikon für das Geld-, Bank- und Börsenwesen, a.a.O., S. 673

BRD völlig freizügig Gold jeder Art kaufen und verkaufen. Dies ist in der Schweiz schon seit jeher (ohne Unterbrechung durch die Weltkriege) der Fall. In anderen Ländern gibt es teilweise ebenfalls diese Freizügigkeit, teilweise aber Beschränkungen verschiedener Arten und Stärke bis hin zum totalen Verbot des Goldbesitzes. Veränderungen dieser Bestimmungen sind durchaus üblich.

5. Anlagemöglichkeiten in Gold

Nachdem im vorangegangenen Kapitel festgestellt wurde, daß der private Anleger in der BRD alle Möglichkeiten der Anlage in Gold ausnutzen kann, sollen diese im folgenden näher erläutert werden.

5.1 Goldbarren[15]

Für den Privatmann besteht die Möglichkeit, sein Geld (oder einen Teil davon) in Barrengold anzulegen. Das Barrengoldangebot in der BRD umfaßt Barren von 12,5 kg, 1 kg, 500 g, 250 g, 100 g, 50 g, 20 g, 10 g und 5 g. Die kleinen Dimensionen (besonders zu 5 g und 10 g) verdienen die Bezeichnung Barren kaum, da es sich bei ihnen eher um kleine Goldplättchen handelt. Die 12,5 kg- (400 Unzen-) Barren sind mehr für den Berufshandel gedacht. Bei den gängigen Notierungen der Banken sind sie deshalb nicht aufgeführt. Handelsüblich sind die Gewichte zwischen 10 g und 1000 g. Bevorzugt werden die Barren mit 10 g bis 100 g Gewicht.

Der Markt, auf dem die größten Barrengoldumsätze getätigt werden, ist der Londoner Goldmarkt. In der BRD spielt der Handel mit Barrengold nur eine recht bescheidene Rolle, er ist bestenfalls als zweitrangiger Markt zu bezeichnen.

Das geringe Interesse des Publikums für diese Goldbarren hat mehrere Gründe. Einmal entfällt bei Goldbarren die Nachfrage der Sammler, denn die Barren dienen lediglich der reinen Vermögensanlage. Zum anderen kann diese Form des Goldes nicht von der Möglichkeit profitieren, als Schmuck verwendet zu werden. Zwar ist Barrengold der Rohstoff, aus dem Goldschmuck hergestellt wird und der auch in anderer Hinsicht gewerbliche Verwendung findet. Aber die gewerblichen Verbraucher beziehen Gold ohnehin auf anderen Wegen als der private Anleger

---

15 Wittgen, a.a.O., S. 72 ff.

und auch zu günstigeren Preisen als dieser, was steuerliche Gründe hat.

Weiterhin waren die Barren in der BRD früher mit der Umsatzsteuer in Höhe von 4 % und sind heute mit der für den Anleger noch schwerer ins Gewicht fallenden Mehrwertsteuer in Höhe von 11 % belastet. Goldbarren rechnen nach einem Erlaß des Bundesfinanzministeriums vom 13. 12. 1957 nicht zu den typischen Bankgeschäften und müssen deshalb mit der entsprechenden Steuerbelastung erworben werden. Beim Verkauf erhält der private Anleger einerseits nur den Ankaufskurs der Bank vergütet, der um ca. 6 % unter dem Verkaufspreis ohne MWSt. der Bank liegt (siehe Tab. 7), andererseits bekommt er selbstverständlich die Kosten der Steuern nicht erstattet. Insgesamt liegt somit der Erlös ca. 15 % und mehr unter dem zur Zeit des Verkaufs gültigen Preises. Da die Verzinsung ebenfalls nicht gegeben ist, kann man Gewinne innerhalb kurzer Zeit nur bei so großen Preissteigerungen wie z. B. in den ersten Monaten 1973 realisieren.

Weiter ersieht man aus der Tabelle 7, daß die Preise je g Gold nicht für alle Barrengrößen gleich sind. Diese unterschiedlichen Preise sind kostenmäßig bedingt. Es liegt auf der Hand, daß die Kosten des Schmelzens der Barren und die dabei entstandenen Aufwendungen teilweise von der Größe der Barren abhängig sind und daher bei den kleinen Barren stärker ins Gewicht fallen als bei den großen. D. h., je kleiner der Barren, desto höher der Grammpreis. Diese Relation stimmt aber nicht immer (siehe Tab. 7). Beim Verkauf von Goldbarren werden diese Kosten jedoch ebenfalls nicht berücksichtigt: Man erhält lediglich den Goldankaufspreis der Bank, der sich auf den Preis eines 1 kg- oder auch sogar auf den Preis eines 12,5 kg-Barrens beziehen kann, letzten Endes auch vom Londoner Fixing-Preis abhängig ist. Kleinere Barren werden also beim Wiederverkauf noch höhere Abschläge gegenüber dem jeweils gültigen Verkaufspreis aufweisen als größere (bis max. etwa 20 %).

Alle diese Kosten lassen sich bis auf eine Ausnahme nicht umgehen. Man kann nämlich Barrengold auch z. B. in der Schweiz kaufen und zahlt dort dafür keine MWSt. Es ist offensichtlich, daß man auf diese Weise erhebliche Gelder einsparen kann. Allerdings muß man bei einer Einfuhr des Goldes in die BRD wieder die MWSt. zahlen. D. h., nur wer das Risiko des Schmuggelns auf sich nimmt, kann das Gold billiger als in der BRD haben. Die MWSt. in der BRD ist ein sehr wesentlicher Grund dafür, daß der Markt für Goldbarren hier so unbedeutend ist.

Schließlich ist noch ein weiteres Moment entscheidend daran beteiligt, daß sich Barrengold keiner großen Beliebtheit erfreut.. Gold wird vielfach in der Absicht gekauft, es im Falle allgemeiner Not- und Krisenzeiten zu veräußern. Die privaten Anleger glauben nun, in solchen Situationen für Goldmünzen eher Abnehmer zu finden als für Barren, weil die Münzen allgemein bekannt sind und der potentielle Käufer darauf vertrauen kann, daß es sich wirklich um Gold handelt. Goldbarren mit ihren schlichten äußeren Formen können dagegen gefälscht sein, also ein minderes Feingewicht besitzen oder nur mit einem Überzug aus Feingold versehen sein, im Kern aber aus anderen Metallen bestehen.

Um diese Möglichkeiten auszuschließen, werden Goldbarren stets mit dem Stempel der Firma versehen, die sie hergestellt hat. Auf das Vorhandensein einer solchen Markierung muß jeder unbedingt achten, der Barrengold erwirbt. Denn Goldbarren sind nur dann marktgängig, können also ohne Schwierigkeiten verkauft werden, wenn sie Gewährleistungsangaben von als seriös anerkannten Firmen tragen (sog. Good delivery-Barren). Zu diesen Angaben gehören das Gewicht, der Feingehalt und die Firmenbezeichnung (in der BRD z. B. Degussa, Norddeutsche Affinerie oder Heraeus GmbH).

Ergänzend zu diesem Kapitel werden in Tab. 8 Preise von handelsüblichen Goldbarren aus mehreren ausgewählten Jahrgängen aufgeführt. Der besondere Schwerpunkt liegt dabei auf der Entwicklung des Preises im ersten Halbjahr 1973.

5.2 Goldmünzen

Eine weitere wichtige Art der Vermögensanlage in Gold ist der Kauf von Goldmünzen. Diese Münzen haben nach wie vor ihren Reiz: Erinnern sie doch an Zeiten, als umlaufendes Geld aus Gold geprägt wurde.

Wer sich für Goldmünzen interessiert, sollte auch einige Fachausdrücke kennen. Oft wurde bisher das Wort Unze erwähnt. Gemeint ist dabei nicht die im Handel noch übliche Unze mit einem Gewicht von 28,35 g, sondern im Zusammenhang mit Gold immer die sog. *Troy-Unze* mit einem Gewicht von 31,1 g (genauer: 31,103 495 g). Dies zu wissen ist wichtig bei der Umrechnung in metrische Gewichtseinheiten.

Ebenso wie auch andere Goldgegenstände bestehen Goldmünzen aus Goldlegierungen. Angaben über das Gewicht von Goldmünzen besagen daher wenig, wenn man nicht weiß, ob das Gewicht der gesamten Münze oder nur das darin enthaltene Gold gemeint ist. Um hier Klarheit zu schaffen, bedient man sich der Ausdrücke Rauhgewicht und Feingewicht. Das Rauhgewicht gibt an, wieviel Gramm eine Münze tatsächlich wiegt, wenn man sie prägefrisch auf die Waage legt. Das Feingewicht besagt dagegen, wieviel Gramm Feingold in der Münze enthalten sind. Zieht man das Feingewicht vom Rauhgewicht ab, so erhält man das Gewicht der in der Legierung außer dem Gold noch enthaltenen anderen Metallen. Das Rauhgewicht wird zuweilen, besonders in älteren Publikationen, als Schrot bezeichnet, während für das Feingewicht auch der Ausdruck Korn üblich ist. Eine Münze von echtem Schrot und Korn hat also das volle Rauh- und das volle Feingewicht.

Der Feingehalt bei Goldmünzen (das Verhältnis von Feingewicht zu Rauhgewicht) wird durch einen Bruch ausgedrückt, dessen Nenner stets 1000 ist. Der Bruch gibt den Goldgehalt einer Münze in Tausendsteln des Rauhgewichts an. Beträgt der Feingehalt z. B. 900/1000, so bedeutet das, daß auf tausend Gewichtsteile neunhundert Gewichtsteile Gold entfallen. Die Münze besteht demnach zu 90 % aus Gold. Der Einfachheit halber sagt man dann, der Feingehalt beträgt 900.

Gold wird legiert, da es sonst zu weich ist und sich zu schnell abnutzen würde. Das gilt vor allem für die früheren im Umlauf gewesenen Münzen. Bei ihnen gab es noch den Begriff des Passiergewichts: Unterschritt das Gewicht einer Münze eine bestimmte Grenze infolge der laufenden Abnutzung, wurde sie aus dem Verkehr gezogen. Der Feingehalt der Goldmünzen lag vorwiegend bei 900 und bei 916 2/3, seltener bei 986, 840 und 875.

Bei den Goldmünzen muß man zwischen verschiedenen Typen unterscheiden. Einmal gibt es die älteren Münzen, die nicht mehr nachgeprägt werden. Die Stückzahl ist begrenzt; deshalb ist der Faktor der Marktlage vorrangig vor dem Goldgehalt dieser Münzen (siehe Tab. 9a: z. B. 20 und 10 Goldmark). Bei den Neuprägungen ist dagegen der entscheidende Kostenfaktor das Gold. Man unterteilt diese Prägungen in die amtlichen (offiziellen) Neuprägungen und in Handelsmünzen. Erstere werden auf gesetzlicher Grundlage von autorisierten amtlichen Stellen unter Verwendung der Originalwerkzeuge (Urmatrize und Urpatrize) hergestellt. Sie sind in aller Regel nicht von den alten Münzen zu unterscheiden, jedoch teilweise als Neuprägung kenntlich gemacht. Als Beispiel für eine Neuprägung sei das in Tab. 9a aufgeführte österreichische 100 Kronen-Stück genannt. Die Handelsmünzen sind ebenfalls offizielle staatliche Prägungen. Ihnen fehlt aber die Eigenschaft, gesetzliches Zahlungsmittel zu sein oder gewesen zu sein. Vorsicht ist besonders bei Handelsmünzen von exotischen Ländern und von Ostblockstaaten anzuraten.

Die bislang erwähnten Münzen sind ausschließlich echte oder Originalmünzen gewesen, also Münzen, die auf gesetzlicher Grundlage in staatlichem Auftrag als gesetzliches Zahlungsmittel oder als Handelsmünzen geprägt wurden oder heute noch werden. Sie eignen sich für eine Kapitalanlage und auch für Sammlerzwecke, die Handelsmünzen jedoch mit den angedeuteten Einschränkungen.

Demgegenüber gibt es noch die Nachprägungen. Der entscheidende Kostenfaktor ist auch bei ihnen das Gold. Dem Anleger bringen sie aber ausnahmslos Nachteile. Einmal lassen sie sich nur zum Schmelzwert verwerten, der wegen der Scheidekosten erheblich unter dem Goldwert liegt, zum anderen fehlt eine Gewähr für Gewicht und Feingehalt sowie jegliche Handelsfähigkeit.

Man unterscheidet hier zwischen Nachahmungen und Fälschungen. Als Nachahmungen bezeichnet man Kopien von außer Kurs gesetzten Münzen, gleichgültig, ob Gewicht und Feingehalt dem Vorbild entsprechen oder nicht. Als Fälschungen versteht man die Goldmünzen, deren Originalmünzen noch gesetzliches Zahlungsmittel sind und zwar unabhängig davon, ob Gewicht und Feingehalt der echten Münze eingehalten worden sind oder nicht. Unter Fälschungen fallen auch die Kopien solcher Münzen, die nicht mehr gesetzliches Zahlungsmittel sind, für die aber die Strafbestimmungen zum Schutz der gesetzlichen Zahlungsmittel weiterhin gelten.

Während die Herstellung von Fälschungen nach dem Strafgesetzbuch als Falschmünzerei bestraft wird, unterliegen Nachahmungen in der Regel nicht einer solch strengen Ahndung. In der BRD sind sie nach geltendem Recht verboten.

Das Erkennen von Fälschungen und Nachahmungen ist selbst für den Fachmann häufig sehr schwierig. Leicht wird es nur dann, wenn die Münzen falsche Namen aufweisen bzw. wenn sie Jahreszahlen eingeprägt bekommen haben, die mit den überhaupt möglichen Jahreszahlen laut Münzkatalog (z. B. Jäger) nicht übereinstimmen.

Im folgenden wird einiges über den Markt und die Möglichkeiten für den privaten Anleger gesagt. Es steht fest, daß sich die Mehrzahl der Goldkäufer für Goldmünzen und nicht für Goldbarren entschieden hat. Die Käufer sind einmal Personen, die die Goldmünzen aus Liebhaberei sammeln und zum anderen Personen, die den Münzenkauf als Geldanlage betrachten, wobei man natürlich versuchen kann, das eine mit dem anderen zu verbinden. Die Anzahl der Personen, die Münzen zum Sammeln oder Horten erwerben, ist stark im Steigen begriffen. Man schätzt, daß sich die Zahl der Münzensammler in den letzten zehn Jahren verzehnfacht hat. Dadurch, daß heute breite Kreise als Käufer und kleinere Horter erfaßt werden, vermindert sich bei den Typen, die von Gesetzes wegen nicht mehr nachgeprägt werden können, das Angebot immer mehr, und der Preis steigt entsprechend. Die meisten dieser Werte haben heute einen zunehmend engeren Markt und sind zum großen Teil in festen Händen.

Ohne eine Wertung für die Motive beim Kauf von Münzen geben zu wollen, kann zunächst gesagt werden, daß sich Goldmünzen einer steigenden Beliebtheit als Geschenkartikel erfreuen. Einen Beweis dafür liefert die regelmäßig in der Vorweihnachtszeit steigende Nachfrage. Diese Käuferkreise lassen sich bei ihren Kaufentschlüssen vorwiegend von der Schönheit oder zuweilen sogar vom Klang leiten, so daß Münzen, die diesen Ansprüchen nicht gerecht werden, im Preis niedriger liegen als solche, die den Geschmack der Käufer besser treffen. Bevorzugt werden inländische Goldmünzen, die teilweise von früher her noch in guter Erinnerung geblieben sind. Die Größe spielt insofern eine Rolle, als zu große Münzen zu schwer und damit als Geschenk oft zu teuer sind. Das Aussehen wird besonders dann wichtig, wenn Goldmünzen für Schmuckzwecke (z. B. für Armbänder oder Manschettenknöpfe) Verwendung finden sollen.

Demgegenüber stellt derjenige, der Goldstücke als Geldanlage betrachtet, andere Bedingungen. Er legt auf eine möglichst große Wertsteigerung oder eine umfassende Sicherheit in Krisenzeiten Wert. Für den Horter sind diejenigen Münzen im allgemeinen am interessantesten, die den relativ höchsten Goldgegenwert bieten, also deren Grammpreis (und damit auch deren Agio) am niedrigsten ist. Dies gilt auch für Spekulanten und selbstverständlich nur für den Fall des Kaufes.

Beim Kauf von Goldmünzen muß der private Anleger darauf achten, wieviel Mehrwertsteuer für die betreffenden Münzen in der BRD entrichtet werden muß. Der normale Steuersatz beträgt wie bei den Goldbarren 11 %. Für numismatisch wertvolle Münzen gilt allerdings ein ermäßigter Steuersatz von 5,5 %. Zur Kategorie der numismatisch wertvollen Münzen zählen alle Stücke, deren Agio gegenüber dem Goldpreis (Basispreis) mindestens 250 % und mehr beträgt. Als Basispreis gilt ein Durchschnittspreis, der aus den Tagespreisen ermittelt wird, die im Laufe eines Monats an der Frankfurter Goldbörse für 1 kg-Barren festgestellt wurden. Zu diesen Münzen gehören z. B. das 10 und 20 Goldmark-Stück des Deutschen Reiches (siehe Tab. 9). Ausgenommen von jeder Besteuerung sind die Goldmünzen, die in ihren Ursprungsländern noch den Charakter von gesetzlichen Zahlungsmitteln haben. Der private Anleger, der die ein für alle Male verlorene Mehrwertsteuer nicht zahlen will, kann die Goldmünzen z. B. in der Schweiz erwerben und spart so wie bei den Goldbarren die Mehrwertsteuer.

Für den Privatmann können auch Engagements in numismatisch wertvollen Goldmünzen, die einen relativ hohen Preis je Gramm Feingold aufweisen, von Vorteil sein. Nur sollte man dann lediglich solche Stücke kaufen, bei denen wegen der Seltenheit eine Wertsteigerung zu erwarten ist. Der Anleger soll tunlichst nicht nur irgendeine Kategorie gängiger Münzen erwerben, um Sachwerte zu besitzen, sondern sich differenziert nach Münzbildern, Prägejahren und Prägezeichen Stücke beschaffen. Speziell bei numismatisch wertvollen Münzen muß man sein Augenmerk unbedingt auf den Erhaltungszustand richten, sonst kann es unter Umständen beim Wiederverkauf ein böses Erwachen geben. Durch das höhere Agio der Sammlermünzen hat der Anleger zwar im allgemeinen einen höheren Preis zu zahlen, aber zugleich ergibt sich für ihn gegenüber weniger nachgefragten Münzen die Chance, später einen größeren Gewinn zu realisieren und die besseren Verkaufsmöglichkeiten auf seiner Seite zu haben.

Wenn das Sammeln nicht nur ein Hobby ist, sondern auch eine Geldanlage sein soll, dann müßte wenigstens der Zins verdient werden, der bei einer Geldanlage auf dem Sparbuch selbstverständlich abfällt. Momentan kann man sagen, daß die durchschnittliche jährliche Preissteigerungsrate für gute Goldmünzen bei ungefähr 6 % über der Inflationsrate liegt. Die Steigerungen des ersten Halbjahres 1973 passen in diese langfristigere Prognose nicht hinein, aber bei dermaßen großen Goldpreiserhöhungen bleibt nun einmal auch der Preis der Münzen nicht unberührt davon (siehe Tab. 9).

Das hohe Agio der Goldmünzen beruht im wesentlichen darauf, daß diese Münzen verhältnismäßig selten sind und die gezahlten Preise Liebhaberpreise darstellen. Das bedingt in guten Zeiten überproportionale Preissteigerungen, in Krisenzeiten hingegen das Risiko starker Verluste, im üngünstigsten Falle vielleicht sogar ein Absinken bis auf den Goldpreis. Zweifellos kommt man hier schon in den Bereich der Spekulation. Doch sie gehört in irgendeiner Form zu jeder Geldanlage. Und nur derjenige, der richtig zu spekulieren weiß, wird auf die Dauer Erfolg haben.

Abschließend noch ein Hinweis: Wer seine Entscheidung zwischen Goldmünzen und kleinen Goldbarren treffen will, sollte sich zuvor die Preise je Gramm Feingold geben lassen und beide miteinander vergleichen. Nicht immer sind die Goldbarren billiger. Selbst bei geringfügig höheren Preisen für die Münzen wird man im allgemeinen den Münzen den Vorzug vor den Barren geben.

5.3 Goldmedaillen[16]

Eine weitere Form der Anlage in Gold besteht in der Anlage in Goldmedaillen und Gedenkmünzen. Dies sind Goldstücke, die ausschließlich von privater Seite zu besonderen Anlässen geprägt werden. Gemünztes Gold existiert nicht nur in der Form von Währungsmünzen. Schon immer sind daneben Gedenkmünzen oder — korrekter — Goldmedaillen geprägt worden, die als eine bleibende Erinnerung an ein besonderes Ereignis oder an hervorragende Persönlichkeiten gedacht sind. Auftraggeber sind in den meisten Fällen Goldfirmen, zuweilen auch andere Unternehmungen, Städte und selbst Privatleute. Auch als Privatmann kann man Medaillen prägen lassen, das ist alles keine Frage des Gesetzes, sondern eine des Geldbeutels. Denn Gold ist schließlich nicht das billigste Metall, und die Prägekosten kommen ebenfalls noch hinzu. Der Auftraggeber von

---

16 Wittgen, a.a.O., S. 66 ff.

Goldmedaillen muß lediglich darauf achten, daß er völlig neue Medaillen herstellen und nicht bereits eingeführte nachprägen läßt. Das ist aus urheberrechtlichen Gründen verboten. Für den Käufer solcher Medaillen ist interessant zu wissen, daß die Echtheit im Sinne des Feingehalts in gleicher Weise wie bei den Währungsmünzen garantiert ist, da es eigentlich immer staatliche Münzen oder erstklassige Privatfirmen sind, die mit der Prägung beauftragt werden.

Der Feingehalt von Goldmedaillen ist vielfach höher als der der meisten Währungsmünzen, denn die Medaillen geraten nicht in einen Geldkreislauf und werden deshalb nicht abgenutzt. Viele Medaillen haben einen Feingehalt von 980 oder 986, allerdings ist auch der Feingehalt von 900 vertreten.

Für den privaten Anleger, der mit Gold eine reine Vermögensanlage betreiben will, sind diese Medaillen weniger zu empfehlen als Goldmünzen. Im Normalfall kann man sagen, daß das Agio höher ist, da nicht nur die Beschaffung des Rohmaterials, sondern auch der Entwurf, die Prägung und der Vertrieb einschließlich Werbung mit relativ größeren Kosten als bei den Währungsmünzen verbunden ist. Nebenbei: Die Mehrwertsteuer in Höhe von derzeit 11 % ist natürlich bei den Medaillen beim Kauf zu zahlen und läßt sich hier nicht umgehen.

Weiter ist infolge der kleinen Auflagen und des dadurch beschränkten Marktes die Möglichkeit einer jederzeitigen Realisation wesentlich geringer als bei gängigen Währungsmünzen. Ein Wiederankauf der Kreditinstitute erfolgt nur ausnahmsweise, so daß auch die Beschaffung von Stücken ausgelaufener Serien in der Regel nur über den Münzenfachhandel möglich ist.

Auf Grund der kleinen Auflagen kann man vermuten, daß einige Medaillen einmal einen numismatischen Wert erlangen könnten. Bisher waren die Anzeichen für eine solche Entwicklung aber kaum zu beobachten. Aus allem läßt sich schließen: Wenn ein Privatmann derartige Medaillen verkaufen will, sollte er nicht unter Zeitdruck handeln, er würde sonst vielleicht nur den Materialwert erlösen. Andernfalls wird es durchaus möglich sein, speziell bei den z.Z. stark steigenden Preisen, beim Verkauf bereits vorhandener Medaillen einen höheren Preis zu erzielen. Die Voraussetzungen für die einigermaßen gedeihliche Entwicklung eines Handels mit Goldmedaillen, ein hoher Lebensstandard und ein freier Devisenverkehr, sind in der BRD vorhanden. Aber dennoch: Der Markt ist recht bescheiden.

Insgesamt gesehen sind Medaillen namentlich demjenigen zu empfehlen, der Freude an der künstlerisch meist sehr ansprechenden äußeren Gestaltung hat. Anleger, die ausschließlich nach Gesichtspunkten der Preiswürdigkeit und der leichten Verwertbarkeit handeln, erwerben daher besser echte Goldmünzen oder Goldbarren. Es ist nämlich unwahrscheinlich, mit einer Medaille einen größeren Gewinn als mit Goldmünzen oder -barren zu erzielen.

5.4 Goldschmuck[17]

Endlich besteht auch noch die Möglichkeit, Gold in Form von Goldschmuck zu kaufen. Diese Anlage hat für den Besitzer den Vorteil, daß er von den Schmuckstücken insofern Nutzen hat, als er sie tragen kann und dieses Gold nicht in Tresoren verschwindet. Indem er das Gold benutzt, bereitet es ihm mehr Freude, vom Prestigegewinn einmal ganz abgesehen, der mit gutem Schmuck verbunden ist (evtl. Schmuck auch in Kombination mit möglichst seltenen Münzen).

Der Preis des Schmuckgoldes ist nicht nur vom darin enthaltenen Gold abhängig, sondern mehr noch von der künstlerischen und handwerklichen Qualität des Gegenstandes. (Beim Barren- und Münzgold ist der Preis vom Gold und von anderen Knappheitsverhältnissen abhängig). Ein Armband von künstlerisch sehr gediegener Ausführung ist bei gleichem Feingehalt wesentlich teurer als ein Armband einfacher Ausführung, das vielleicht sogar maschinell hergestellt ist. Wer an die Schönheit und an die handwerkliche Qualität des Schmuckes in erster Linie denkt, entscheidet sich für Objekte, die im Verhältnis zu

17 Wittgen, a.a.O., S. 105 ff.

dem Feingold, das sie enthalten, relativ teuer sind. Wird dagegen Wert darauf gelegt, für einen bestimmten Geldbetrag eine möglichst große Goldmenge zu erhalten, und wird der Schmuckcharakter des Gegenstandes nur als Nebenvorteil betrachtet, so wird die Wahl auf relativ billige Objekte fallen.

Bei Schmuck wird der Feingehalt nicht nur in den von den Goldmünzen her bekannten Tausendsteln angegeben, sondern auch in Karat. 24 Karat ist aber reines Feingold. In Deutschland üblich sind Legierungen von 8, 14 und 18 Karat (entsprechend 333/1000, 585/1000 und 750/1000). Je nachdem, ob der Kupfer- oder Silberanteil an der Legierung hoch ist, spricht man von Rotgold bzw. Weißgold. Gelbgold besteht dagegen zu etwa gleichen Teilen aus Silber und Kupfer. Es ist wichtig, beim Kauf von Schmuckstücken auf die Kennzeichnung des Feingehaltes an Gold, die sog. Punzierung, zu achten. Jeder Schmuckgegenstand muß diese Gravur tragen, die meist an etwas versteckter Stelle angebracht ist. Letzten Endes bietet sie aber noch keine unbedingte Gewähr für die Echtheit der angegebenen Legierung, denn solche Gravuren lassen sich fälschen. So muß man sich auf die Seriosität des Verkäufers verlassen: Schmuckkauf ist und bleibt eine Vertrauenssache.

Das recht hohe Agio auf den reinen Goldpreis kann man dann etwas senken, wenn man z. B. auf Auktionen Gegenstände findet, die bei der heutigen Massenproduktion kaum noch oder doch nur zu wesentlich höheren Preisen hergestellt werden. Unter Umständen erhält man auch billigere Schmuckgegenstände aus Gold im Ausland (niedrigere Löhne!). Aber das Risiko einer falschen Punzierung ist bei derartigen Stücken meist erheblich größer.

Ein evtl. späterer Verkauf von Goldschmuck ist einmal von dem künstlerischen Wert des Schmuckstückes abhängig und zum anderen von der Größe. Für sehr große und damit teure Gegenstände wird sich später wahrscheinlich nicht so leicht ein Käufer finden, wie das bei kleineren und billigeren Objekten der Fall ist.

6. Funktionen des Goldes für den Privatmann

6.1 Mögliche Gründe für den Kauf von Gold

Die Gründe, die ein Privatmann hat, wenn er Gold kauft, können vielschichtiger Art sein.

Gold gehört seit Jahrhunderten zu den begehrtesten Gütern des Menschen. Das dem Gold damit entgegengebrachte Vertrauen kann bei der Entscheidung maßgeblich beteiligt sein; weiter gilt das gelbe Metall seit jeher mit seinem schönen Glanz, seiner edlen Farbe und seinem reinen Klang als der Inbegriff von Reichtum und Sicherheit. Es mag noch ein wenig ein Prestigedenken hinzukommen, das die Kaufabsicht fördert.

Die Sicherheit, die das Gold verkörpert, zeigt sich daran, daß sich Goldanlagen aus der Zeit vor dem 1. Weltkrieg durch zwei Inflationen hindurch nicht nur als wertbeständig erwiesen haben, sondern sich (gerade im ersten Halbjahr 1973 augenfällig) um ein Vielfaches im Wert erhöht haben.

Dieser Schutz vor Geldentwertung spielt beim Goldkauf eine sehr wesentliche Rolle.

Die Besteuerung ist ein nicht zu unterschätzender Punkt. Wer zur Vermögenssteuer herangezogen wird, kann diese dadurch senken bzw. ganz umgehen, daß er Gold kauft und dieses Gold beim Finanzamt nicht angibt. Das ist zwar verboten, aber wir wollen uns nichts vormachen: Es wird nur allzu häufig getan. Gelder in Aktien und festverzinslichen Wertpapieren sowie Spar- und Bargelder lassen sich leicht überprüfen, doch Gold kann irgendwo unbemerkt verschwinden. Und welches Finanzamt kann und wollte bei der allgemeinen Arbeitskräfteknappheit so etwas überprüfen? Es würde nur ein sehr müßiges Unterfangen ohne rechten Erfolg werden.

Daneben kann eine Ersparnis der Erbschaftssteuer geplant sein. Man gibt das Gold wiederum nicht an und ist dennoch sicher, daß die Erben in den Besitz dieses Vermögensteiles kommen, ohne vorher vom Staat zur Kasse gebeten zu werden.

Außerdem kann der private Anleger lediglich eine Aufteilung

seines Vermögens im Auge haben. Jede Vermögensanlage steigt (oder fällt schlimmstenfalls) zu jedem Zeitpunkt in einem anderen Maße als die andere. Eine Vermögensaufteilung reduziert somit die Risiken eines zu großen Verlustes, verhindert aber gleichzeitig maximal mögliche Steigerungsraten. Diese Form wird demzufolge von einem vorsichtigen Anleger bevorzugt werden.

Schließlich sei als ein weiterer Kaufgrund die Angst genannt, sei es nun die Angst vor einer drohenden Währungskrise oder gar die Angst, der Kommunismus könne eines Tages die Herrschaft übernehmen und (siehe Ostblockstaaten) den Goldbesitz verbieten. Das erstere ist momentan maßgeblich an dem ohne jeglichen Vergleich dastehenden Goldpreisboom beteiligt: Ein Ausdruck des nicht mehr funktionierenden Weltwährungssystems (der westlichen Welt) und noch mehr ein Ausdruck des totalen Mißtrauens gegenüber der, man darf das wohl mit einiger Vorsicht heute schon so formulieren, einstigen Leitwährung der westlichen Welt, dem US-Dollar. Das englische Pfund steht sowieso außerhalb jeder Diskussion.

6.2 Verwendung des Goldes

Jeder, der sein Geld vermögenswirksam und dazu noch möglichst sicher anlegt, wird das im Hinblick auf bestimmte Ziele tun.

Gold ist zum einen eine dauernde Währungsreserve für Notzeiten, zum anderen läßt es sich jederzeit ohne Schwierigkeiten auf Kinder und andere Erben vererben. Als Notzeiten gelten gemeinhin Kriege und deren Folgezeiten. Besonders in Deutschland waren viele sehr froh, das Gold trotz aller Verbote und schlimmsten Strafandrohungen über den Krieg gerettet zu haben, um es hinterher zum Aufbau einer neuen Existenz verwenden zu können.

Für Personen, die fliehen müssen, ist Gold ebenfalls eine gute Vermögensanlage. Ein Mensch kann relativ große Mengen Gold mit sich tragen; sie dürften normalerweise genügen, eine neue

Existenz aufzubauen. Im Vergleich zu dem (wenigstens heute noch) teureren Platin hat Gold den Vorteil, daß es allgemein bekannter und damit auch anerkannter ist. Eine Realisierung des Goldes wird wesentlich einfacher (und auch mit geringeren Abschlägen) möglich sein, als das mit Platin erreichbar ist. Das Silber schneidet hier noch schlechter ab.

Um bei der jüngeren Geschichte zu bleiben: In Hungerszeiten hat sich Gold sehr bewährt. Wer Gold besaß, konnte es als Tauschmittel einsetzen und damit sehr viele Dinge erwerben, die es sonst nicht zu kaufen gab. Er konnte, und das war und ist in solchen Zeiten das wichtigste, mit dem Gold, das er besaß, die schlechten Zeiten überleben.

Speziell in solchen Zeiten hat sich Gold auch für Bestechungszwecke als gut geeignet erwiesen. Man konnte damit vielleicht 1945 eine geplante Flucht realisieren durch vor anderen bevorzugte Behandlung bzw. Beförderung, z. B. Transport per Schiff aus Ostpreußen in die westlicheren Gebiete. Auch wird man dringend benötigte Medikamente mit Hilfe von Gold leichter erhalten können, die sonst auf dem schwarzen Markt gegen andere Bezahlung gar nicht zu bekommen sind.

Aber nicht nur in Krisenzeiten läßt sich Gold gut verwerten. Der private Anleger kann Gold als Reserve für persönliche Unglücksfälle oder Katastrophen verwenden, in die er verschuldet oder unverschuldet verwickelt ist. Damit stellt Gold einen „eisernen" Bestand dar, an dessen Enthortung nur im äußersten Fall gedacht wird.

Weiter läßt sich das Gold bei einem Konkurs vor den Gläubigern retten. Man darf es lediglich nicht angeben, und so handelt im Zweifelsfalle jeder Geschäftsmann. Noch besser verheimlicht man vorhandene Goldbestände, wenn man sie rechtzeitig vorher ins Ausland schafft.

6.3 Aufbewahrung des Goldes

Es gibt verschiedene Möglichkeiten, Gold aufzubewahren. Man kann seine Goldvorräte bei sich zu Hause lagern. Für den Besitzer hat das den Vorteil, daß das Gold jederzeit greifbar ist und man sich an seinem Anblick erfreuen kann. Natürlich werden sich aber auch Diebe darüber sehr freuen, und das ist der nicht zu unterschätzende Nachteil. Man sollte also Gold tunlichst nicht zu Hause lagern, sondern nach Möglichkeit in einem Bankschließfach, das zur garantierten Sicherheit vor Diebstahl u. ä. bei recht geringen Kosten den weiteren Vorteil bietet, daß man meist zusätzlich andere wichtige Papiere und Wertsachen unterbringen kann. Nur wer glaubt, daß in Krisenzeiten unter Umständen der Inhalt solcher Schließfächer von seiten des Staates gesperrt werden könnte, darf kein Bankschließfach in Anspruch nehmen. Er kann dann als weitere Alternative ein Schließfach in der Schweiz oder in einem beliebigen anderen Ausland nach eigener Wahl mieten. Nun ist es durchaus möglich, daß derartige Bankfächer wie auch Guthaben von Ausländern in schlechten Zeiten gesperrt werden: Daraus folgt, daß es eine totale Sicherheit nicht gibt.

Jeder muß nach eigenem Abwägen die Vor- und Nachteile der einzelnen Möglichkeiten gegenüberstellen und seine eigene Entscheidung fällen. Insofern sollen die angegebenen Beispiele nur Denkanstöße liefern. Sie bieten keine Gewähr für einen vollständigen Überblick aller Möglichkeiten der Goldaufbewahrung.

Abschließend sei ein Wort zu den Bankschließfächern gesagt: Es ist unbedingt erforderlich, seinen nächsten Verwandten bzw. seinen Erben eine Vollmacht für den Erbfall zu geben. Wenn diese nicht vorhanden ist, wird der Inhalt erst auf Grund eines Erbscheines herausgegeben. Und damit werden die Erbschaftssteuern fällig. Beim Vorliegen einer Vollmacht wird es sich ermöglichen lassen, Gold und andere Wertgegenstände sofort und damit unter Umgehung der Erbschaftssteuern zu erhalten.

Noch ein Vorschlag zur Aufbewahrung: Sie kann dergestalt erfolgen, daß ein Teil des Goldes im Schließfach liegt und ein anderer Teil, vielleicht einige Münzen, zu Hause verwahrt werden.

7. Gold als Sicherheitsfaktor gegen Währungsabwertungen

Als Konsequenz des Vorherigen ist der Kauf von Gold für den privaten Anleger einerseits eine Rückversicherung gegen etwaige Währungsverluste (Inflationen, usw.), andererseits — und davon soll im nächsten Kapitel die Rede sein — auch eine Anlageform zur Vermögensbildung. Wer in wirtschaftlicher, politischer oder währungspolitischer Hinsicht einem Sicherheitsbedürfnis Rechnung tragen will, sollte gängige Goldbarren oder -münzen kaufen. Dabei muß man sich darüber im klaren sein, daß es sich niemals um eine kurzfristige Anlage handeln darf und das Geld tatsächlich entbehrlich sein muß; d. h., es darf nicht kurzfristig darauf zurückgegriffen werden. Entbehrliches Geld setzt jedoch ein Barvermögen bestimmter Größe voraus.

Für den hier vorgegebenen Zweck sollte man durchaus 20 000,— bis 30 000,— DM liquide zur Verfügung haben. Wenn diese Voraussetzung erfüllt ist, kann man darangehen, einen bestimmten Geldbetrag oder aber einen bestimmten Prozentsatz des Vermögens in Gold anzulegen. Um einmal eine (allerdings unverbindliche) Zahl für jede Art zu nennen: Vielleicht kauft der private Anleger 1 kg Gold, oder er legt 10 bis 20 % seines Vermögens in Gold an, wobei 20 % als obere Grenze zu nehmen wäre.

Entscheidend ist dabei die Mischung: Der Anleger kann natürlich Gold im Gewicht von 1 kg, einen einzelnen Barren kaufen. Das ist relativ preiswert, hat aber in Notzeiten den Nachteil der schwereren Absetzbarkeit wegen der großen Masse. Für die Sicherung gegen Währungsabwertungen ist es so jedoch richtig. Für schlechte Zeiten ist es vorteilhafter, entweder kleine Barren oder besser noch gänige Währungsmünzen zu kaufen. Auch sollte das Gewicht nicht sehr groß sein, denn bereits kleine Stücke dieses wertvollen Metalls stellen einen verhältnismäßig großen Wert dar. Dieser ist noch klein genug für eine leichte Absetzbarkeit. Das recht hohe Agio darf für diesen Zweck ebenfalls nicht abschrecken. Viele kleine Barren oder Münzen haben den Vorteil, daß jedes Stück für sich verkauft bzw. getauscht oder abgesetzt werden kann. Damit hat der Privatmann ein relatives Maximum an Sicherheit erreicht.

In Krisenzeiten hat der Staat fast immer auf den Goldbesitz seiner Bürger zurückgegriffen. Mit Hilfe von Gesetzen wurde der private Goldbesitz verboten und unter Strafe gestellt, und die vorhandenen privaten Goldbestände sollten abgeliefert werden.

In dieser Situation ist Goldbesitz illegal. Gold läßt sich dann nur noch auf dem fast immer vorhandenen „schwarzen Markt" absetzen. Der Privatmann muß in einer solchen Lage den Mut zur Illegalität aufbringen, anderenfalls hat sich ein vorheriger Goldkauf weder gelohnt noch hat er damit die Sicherheit für schlechte Zeiten verwirklichen können. Ein Umtausch in Papiergeld bei vom Staat festgelegten Umtauschkursen war noch nie ein Geschäft! Wenn der Privatmann den Mut hat und das Gold über die schlechten Zeiten, den Krieg o. ä. hinwegrettet, hat er anschließend bei den entsprechend schlechteren Währungen eine weit höhere Kaufkraft zur Verfügung, von etwaigen Währungsumstellungen einmal ganz abgesehen.

Abschließend soll die Kaufkraft des Goldes an einem realen Beispiel veranschaulicht werden. Angenommen sei, daß jemand im Jahre 1913 in Deutschland für damalige 10 000,— Goldmark Gold angelegt habe. Da der Index der Lebenshaltungskosten seit 1913 auf etwa 350 % geklettert ist[18], muß das realisierte Gold heute eine Kaufkraft von ca. 35 000,— DM haben, damit der Anleger keinen Kaufkraftverlust erleidet. Unter der Annahme, man hätte das Geld mit einer durchschnittlichen Verzinsung von 4 % auf einem Sparbuch angelegt, wäre 1973, nach 60 Jahren, aus der ursprünglichen Anlage von 10 000,— Mark ein Guthaben von etwas über 105 000,— Mark geworden. Das sind somit 105 000,— Mark mit der heutigen Kaufkraft, also gegenüber dem Gold ein dreimal so hoher Betrag. Aus diesem Grunde heben gerade die Banken und Sparkassen immer wieder den so großen Nachteil des Goldes, die Zinslosigkeit, hervor.

---

18 Aus Unterlagen des Statistischen Bundesamtes, Übersicht GL 81, „Entwicklung der Verbraucherpreise seit 1881 in Deutschland"

Sie hätten durchaus recht, wenn diese Annahme der Realität entspräche. Tatsächlich kam 1923 die Inflation. Die 10 000,– Goldmark des Jahres 1913 hatten sich durch Zins und Zinseszins auf ca. 14 800,– Mark erhöht, aber was bedeutete das bei einer Entwertung von 1 : 1 Billion! Um überhaupt weiterrechnen zu können, bleibt nichts anderes übrig, als mit dem Jahre 1924 beginnend noch einmal 10 000,– Mark einzusetzen, dieses Mal Rentenmark, die spätere Reichsmark.

Dieses Geld verzinste sich dann bis zum nächsten Einschnitt, der Währungsreform 1948. Bis dahin war es innerhalb von 24 Jahren auf ca. 25 600,– RM angewachsen, falls man es nicht schon sinnvoller auf dem schwarzen Markt ausgegeben hatte! 1948 war die Abwertung nicht so katastrophal, daß überhaupt nichts mehr übrig blieb. Der Abwertungssatz lag bei 100,– RM = 6,50 DM. Der alte Reichsmarktbetrag war damit auf 1 664,– DM geschrumpft.

Dieses Geld verzinst sich seither, also seit jetzt 25 Jahren. Im Jahre 1973 wäre ein Betrag von 4 436,– DM erreicht. Verglichen mit den 35 000,– DM Kaufkraft des 1913 gekauften Goldes ergibt das einen etwa achtmal niedrigeren Wert, d. h., in Deutschland hätte sich über diesen Zeitraum hinweg eine Anlage in Gold gelohnt.

Diese Rechnung soll noch mit den tatsächlichen Preisen verglichen werden: Dafür muß man das Gewicht des Goldes kennen, das man 1913 für 10 000,– Goldmark kaufen konnte. Seit 1909 war der Umrechnungskurs: 1 kg = 2 780,– Goldmark. Das entspräche 3,597 kg Gold. Legt man nun den Goldpreis vom 28. 5. 1973 zugrunde (natürlich den Ankaufskurs der Banken, den der private Anleger schließlich nur erzielen kann), so beträgt dieser für 1 kg 9 300,– DM. Die 10 000,– DM-Grenze für 1 kg ist Anfang Juni überschritten worden. Auf die 3,597 kg Gold umgerechnet heißt das, sie haben für den privaten Anleger am 28. 5. 1973 einen Verkaufswert von 33 450,– DM gehabt.

Es zeigt sich hier ein interessanter Nebenaspekt: Gold war seit 1934 auf einem künstlich festen Niveau gehalten worden. Alle Waren und alle Kosten und Preise stiegen, nur Gold blieb stabil, zweifellos ein Anachronismus. Ein Preis von unter

5 000,– DM für einen 1 kg-Goldbarren im Jahre 1968 stellte eine klare Unterbewertung dar, die inzwischen nicht mehr vorhanden ist. Im Juni 1973 hat der Goldpreis die Kaufkraftentwicklung erreicht. Momentan ist er allerdings dabei, über das Ziel hinauszuschießen. Warum auch nicht: Der Goldpreis ist unabhängig vom Lebenshaltungskostenindex und seit 1968 nur von Angebot und Nachfrage abhängig, so wie das bei Aktien und Wertpapieren schon seit jeher der Fall ist.

8. Gold als aktiv-spekulative Anlageform

Wenn jemand in irgendeiner Form sein Geld anlegt, gibt es drei Forderungen, die er an diese Geldanlage stellen wird: Einmal soll der Wert erhalten bleiben. Zum anderen sollen sich die Gelder verzinsen, und als letztes soll sich die Geldanlage zu einem beliebigen gewünschten Zeitpunkt wieder in Bargeld umwandeln lassen.

Während beim Gold eine Verzinsung entfällt, dürfte die Werterhaltung immer gewährleistet sein. Falls der dritte Punkt, die Wiederumwandlung in Bargeld, erlaubt ist, wie es z. Zt. in der BRD der Fall ist, kann der private Anleger versuchen, sich mit einer Goldanlage nicht nur aus einem Sicherheitsbedürfnis heraus zu befassen, sondern mit dem Gold auch zu spekulieren, um dadurch Gewinne zu erzielen. Das ist natürlich, da es eine Verzinsung nicht gibt, nur über den Umweg steigender Goldpreise möglich. Falls innerhalb einer gewissen Zeit der Preis ansteigt, läßt sich daraufhin eine Quasi-Verzinsung bestimmen. Dieser Vorgang ist mit Einschränkungen mit den Kursgewinnen von Aktien vergleichbar.

Für die Anlage in Gold ist der Einstiegszeitpunkt äußerst wichtig und weiterhin auch der Zeitpunkt, zu dem die Anlage realisiert werden soll. Denn je größer die Differenz zwischen einem niedrigen Einkaufs- zu einem hohen Verkaufskurs ist und je weniger Zeit zwischen dem An- und dem Verkauf liegt, desto größer wird die Rendite. Man muß nicht lange rechnen, um zu dem Schluß zu kommen, daß ein Goldkauf im 1. Halbjahr 1973 bei auf das Jahr gerechneten dreistelligen Preiserhöhungen lohnend gewesen ist. Aber niemand weiß, ob dieser ohne Vergleich dastehende Boom des 1. Halbjahres 1973 nicht demnächst sein Ende findet. Auch sollte man bedenken, daß bei einem angenommenen Goldpreis von 130,– Dollar je Feinunze ein Verkauf erst dann rentabel wird, wenn dieser Preis innerhalb relativ kurzer Zeit auf ca. 150,– Dollar je Feinunze gestiegen ist, es sei denn, man umgeht auf dem legal möglichen Weg – z. B. über die Schweiz – die für den Privatmann in der BRD zu zahlende

MWSt. von 11 %. Für diesen Fall ist bereits ein Verkaufskurs von 140,— Dollar je Feinunze gewinnbringend, wieder vorausgesetzt, daß dieser Preisanstieg innerhalb eines kürzeren Zeitraumes eintritt.

Bei einer aktiven Spekulation, die auch das Gold mit umfaßt, muß man rechtzeitig von einer Anlage auf die andere umsteigen. Als Beispiel sei eine Spekulation in Frankreich während der Jahre 1938 bis 1973 genannt[19]: Dort wäre es am günstigsten gewesen, 1938 Gold zu kaufen, dieses bis 1946 zu behalten, dann Wohnungen zu kaufen und diese 1953 wieder abzustoßen. 1953 hätte man Aktien kaufen müssen, dann 1955 erneut Gold und schließlich 1957 zum zweiten Male Aktien erwerben sollen. Im Jahre 1970 hätte man erneut auf Gold umsteigen müssen. Wer das getan hätte, der hätte sein Ausgangsvermögen innerhalb von 23 Jahren siebenundzwanzigmal, innerhalb von 35 Jahren einundachtzigmal, vergrößert. Der Nachteil ist nur der, daß man vorher nie weiß, wie die Entwicklung verlaufen wird. Die Zahlen sind erst später aufgestellt worden, zu einem Zeitpunkt also, als man alles recht schnell nachrechnen konnte. Dennoch enthalten sie einen interessanten Aspekt: Der Anleger mußte jedes Mal voll von einer Anlagemöglichkeit auf die andere umsteigen.

Das bedeutet, daß er eine bestimmte Erwartung bezüglich der maximalen Gewinnmöglichkeit hat und bewußt ein größeres Risiko eingeht. Ein größeres Risiko bringt beim Eintreffen der Erwartungen eine Maximierung des Gewinns, es kann natürlich beim Nichteintreffen große Verluste zur Folge haben.

Eine Diversifikation der Mittel ist auch eine Frage des Alters. Während ältere Menschen mehr zur Streuung der verschiedenen Vermögensteile neigen, sind jüngere nicht unbedingt dafür und scheuen ein größeres Risiko im allgemeinen nicht. Dazwischen liegen sowohl in der Gewinnerwartung als auch im Risiko die normalerweise getätigten Käufe und Verkäufe mit der unterschiedlichen Aufteilung der vorhanden Gelder.

Bei einem Umsteigen auf andere Anlagearten kommen z. B.

---

[19] Joesten, Joachim, Das Währungskarussell, Zürich, 1966, S. 125

Grundstücke, Aktien und festverzinsliche Wertpapiere in Frage.

Bei Grundstücken ist in den letzten Jahren und Jahrzehnten eine erhebliche Steigerung eingetreten, denn Grund und Boden lassen sich nicht vermehren und werden somit laufend knapper. Dabei darf man jedoch nicht außer acht lassen, daß es sehr lange Zeiten der Bewirtschaftung gegeben hat, in denen der Eigentümer im Falle eines Verkaufs keine wesentlichen Gewinne hätte realisieren können. Auch sind die angekündigten Maßnahmen des Staates (Wertzuwachssteuer u. ä.) nicht dazu angetan, eine Vermögensanlage in Grundstücken zu empfehlen.

Bei Aktien sind nur bei Spekulationen Erträge größerer Art möglich, aber auch das ist in den letzten zehn Jahren recht schwierig gewesen und setzte erhebliche Kenntnisse im Bereich der Börsenspekulation voraus.

Festverzinsliche Wertpapiere haben bei der Inflation steigende Zinsen (siehe die Steigerung der Zinsen im ersten Halbjahr 1973 von 8 % auf 10 %). Ein Kauf ist nur im Hinblick auf die jeweilige Restlaufzeit der betreffenden Wertpapiere günstig, denn ein Verkauf bei zwischenzeitlich gestiegenen Zinsen führt zu beträchtlichen finanziellen Einbußen, so daß der private Anleger evtl. auf einen Verkauf verzichtet und diese Gelder für ihn bei niedrigem Zinssatz bis zum Ende der Laufzeit des Wertpapiers blockiert sind. Ein Gewinn läßt sich bei diesen Papieren nur dann erzielen, wenn die Inflatinsrate kleiner ist als der Zinssatz.

Momentan weist die Anlage in Gold die größten Steigerungen auf. Wer Gold kauft, sollte es dennoch als langfristige Anlage im Hinblick auf die wechselnde Tendenz der Steigerungen betrachten. Falls der Privatmann Gold besitzt und es nicht abstoßen will, aber innerhalb kürzerer Zeit Geld benötigt, kann er das Gold evtl. beleihen und darauf spekulieren, daß kurze Zeit später ein größerer Gewinn durch einen weiter steigenden Goldpreis realisierbar sein wird.

9. Zusammenfassung[20]

Gold verzinst sich nicht und hat damit einen wesentlichen Nachteil gegenüber anderen Anlagemöglichkeiten. Es verursacht oftmals sogar noch Kosten in Form der bei sicherer Aufbewahrung im Bankschließfach zu zahlenden Gebühren. Nur in Krisenzeiten vermag es seinen Wert unter Beweis zu stellen, wenn auch dann meistens staatliche Bestimmungen zu erwarten sind, die den privaten Goldbesitz verbieten und eine Ablieferung der vorhandenen Bestände fordern. Es ist die persönliche Entscheidung jedes einzelnen Anlegers, ob er solchen Ablieferungsvorschriften Folge leistet oder ob er es trotz des größeren Risikos vorzieht, seine Bestände auf bessere Art und Weise zu verwerten.

Trotz allem hat der Goldbesitz aber durchaus Vorteile: Der Goldbesitzer ist im allgemeinen tagespolitischen Ereignissen gegenüber unabhängiger, und ihn berühren Krisenerscheinungen weniger, da das gelbe Metall auch heute noch eine beachtliche Sicherheit verleiht.

Zur Goldanlage sind Goldmünzen geeigneter als Goldbarren, denn sie haben schon als Sammelobjekte einen Markt und sind wesentlich bekannter und beliebter. In Krisenzeiten sind bislang Münzen mehr gehandelt worden als Barren. Das dürfte einmal in der gewichtsmäßig kleineren Stückelung begründet sein, zum anderen aber nicht zuletzt aus dem Mißtrauen gegenüber der Echtheit im Sinne des Feingoldgehaltes von Goldbarren herrühren, da sich Goldmünzen schwerer kopieren lassen.

Die Geldanlage in Goldbarren oder -münzen nimmt unter den verschiedenen gegebenen Anlagemöglichkeiten eine Sonderform ein. Aus ökonomischen Gründen allein kann man die Anlage in Gold kaum motivieren, wenn man von den letzten beiden Jahren absieht, in denen eine Spekulation in Gold überdurchschnittlich gute Erfolge aufzuweisen hatte. Daher ist es auch

---

20 Clausen, a.a.O., S. 66 ff.

nicht möglich, abschließend eine bestimmte Entscheidung für oder gegen den Goldkauf zu empfehlen.

Im vorangehenden sollten dem privaten Anleger die notwendigen Kenntnisse über das Gold und seine Besonderheiten vermittelt werden, um ihm bei seinen Überlegungen, wie er seine Ersparnisse am besten anlegen kann, die Entscheidung zu erleichtern.

Eines aber läßt sich zum Schluß mit ziemlicher Sicherheit feststellen: Solange keine staatlichen Bestimmungen bestehen, die den Goldbesitz einschränken oder gar verbieten, wird dem Gold als Symbol für die Wertbeständigkeit in unserer unbeständigen Welt weiter eine Zukunft beschieden sein.

10. Checkliste: Kurzgefaßte Entscheidungshilfe über die bei der Vermögensanlage in Gold auftretenden Fragen

1. Ziele

a) Sicherheit vor Währungsrisiken
b) Sicherheit vor politischen Risiken
c) Sicherheit vor persönlichen Schicksalsschlägen im Hinblick auf Vermögensverluste
d) Steuerersparnis durch Verheimlichung des Goldbesitzes
e) Vermögensmehrung durch Spekulation

2. Informationen

Bei Interesse für eine Vermögensanlage in Gold sind Informationen einzuholen:

a) bei Banken (evtl. Prospekte über die Anlage in Gold verlangen)
b) aus Zeitungen (aus den Wirtschaftsteilen von z. B. FAZ, Welt, Süddeutscher Zeitung bzw. aus Wirtschaftszeitungen wie z. B. Handelsblatt)
c) aus Büchern (siehe auch Literaturverzeichnis)

Bei Banken und aus Zeitungen erhält man aktuellere Kenntnisse. Bücher unterrichten in mehr allgemeiner Art, gewähren dafür einen größeren Überblick.

3. Entscheidungen

a) Anlagezweck:
- als Sicherheitsreserve (vgl. vorst. 1a, b, c)
- zu spekulativen Zwecken (vgl. vorst. 1e)

b) Anlagemenge:
In Geld bzw. in Prozent des Vermögens oder in Gramm Gold

c) Anlageart:
- Münzen; Unterteilung in Art der Goldmünzen: numismatisch wertvolle, also seltene und teure Münzen oder aber bekanntere Münzen
weitere Unterteilung in Herstellungsland: Deutschland, europäisches oder außereuropäisches Land
- Goldbarren; große Barren oder kleine, die ein Agio aufweisen, dafür aber besser verkäuflich sind
- Medaillen; hohes Agio, kaum verkäuflich
- Schmuck; sehr hohes Agio, aber Freude am Tragen
- Mischung aus z. B. Barren und Münzen

d) Wo kaufen?
- in der BRD; aber: MWSt. ist zu zahlen.
11 % MWSt. bei Goldbarren
5,5 % MWSt. bei numismatisch wertvollen Goldmünzen
0 % MWSt. bei noch im Umlauf befindlichen Goldmünzen
11 % MWSt. bei allen anderen Goldmünzen
11 % MWSt. bei Goldmedaillen und bei Goldschmuck
- außerhalb der BRD, z. B. in der Schweiz: keine MWSt.

e) Wann kaufen?
Möglichst eine Baisse abwarten

f) Wo lagern?
- zu Hause; gefährdet durch Diebstahl, nicht empfehlenswert
- Bankschließfach in der BRD
- Bankschließfach im Ausland (z. B. Schweiz); sicher auch bei Verlangen des Staates, Gold abzuliefern

g) Wann verkaufen?
- wenn bei Preissteigerung Gewinn realisiert werden soll
- in schlechten Zeiten oder bei dringendem Geldbedarf bei der Bank oder gegebenenfalls auf dem schwarzen Markt

Anhang

Tab. 1: Die Goldgewinnung der Erde 1493–1971

Zeit	Jahresdurchschnitt in 1000 kg	Zeit	Jahresdurchschnitt in 1000 kg
1493–1520	5,8	1866–1870	195,0
1521–1544	7,2	1871–1875	173,9
1545–1560	8,5	1876–1880	172,4
1561–1580	6,8	1881–1885	151,4
1581–1600	7,4	1886–1890	169,8
1601–1620	8,5	1891–1895	245,4
1621–1640	8,3	1896–1900	387,3
1641–1660	8,8	1901–1905	484,6
1661–1680	9,3	1906–1910	652,3
1681–1700	10,8	1911–1915	691,1
1701–1720	12,8	1916–1920	589,8
1721–1740	19,1	1921–1925	542,9
1741–1760	24,6	1926–1930	592,0
1761–1780	20,7	1931–1935	705,0
1781–1800	17,8	1936–1940	988,0
1801–1820	14,6	1941–1945	838,0
1821–1840	14,2	1946–1950	705,0
1841–1845	32,0	1951–1955	775,0
1846–1850	65,2	1956–1960	967,3
1851–1855	199,4	1961–1965	1205,2
1856–1860	201,8	1966–1970	1271,1
1861–1865	185,1		

Tab. 2a): Goldgewinnung der Welt (in 1000 Unzen Feingold)

Länder	1885	1900	1913	1929	1940	1945	1950	1951	1952	1953	1954	1955	1956	1957
Südafrika	1	349	8790	10412	14046	12214	11664	11516	11819	11941	13237	14601	15897	17032
Kanada	57	1355	803	1928	5333	2697	4441	4393	4472	4056	4366	4545	4384	4434
USA	1535	3878	4298	2057	4863	997	2375	1996	1938	1990	1867	1891	1838	1817
Japan	9	58	180	335	867	.	156	189	201	258	301	289	295	303
Brit.-Westafrika	.	11	384	208	886	548	689	699	691	731	787	687	638	790
Australien	1328	3558	2210	427	1644	657	870	896	980	1075	1118	1049	1030	1084
Philippinen	–	–	42	163	1121	.	334	394	469	480	416	419	406	380
Süd-Rhodesien	–	85	690	561	826	568	511	487	497	501	536	525	536	537
Mexiko	42	435	931	655	883	499	408	393	460	483	387	383	350	346
Kolumbien	121	111	144	137	632	507	379	431	422	437	377	381	438	325
Belg.-Kongo	–	–	44	158	562	347	339	352	369	371	365	375	374	374
Sonstige	1827	2670	3534	1299	5797	7466	2534	3244	2382	2377	5343	2355	2314	2178
Geschätzte Welterzeugung	4920	12510	22050	18340	37460	26500	24700	24000	24700	24700	26100	27500	28400	29600

Tab. 2b): Goldgewinnung der Welt (in 1000 Unzen Feingold)

Länder	1958	1959	1960	1961	1962	1963	1964	1965	1966	1967	1968	1969	1970	1971
Südafrika	17656	20065	21383	22946	25506	27432	29137	30540	30869	30525	31169	31276	32146	31398
Kanada	4571	4483	4629	4474	4158	3972	3835	3606	3319	2986	2688	2545	2409	2208
USA	1801	1389	1386	1246	1543	1427	1456	1705	1803	1526	1539	1717	1790	1492
Japan	308	328	337	379	421	433	460	265	555	678	614	677	729	711
Brit.-Westafrika	853	913	879	834	888	921	865	782	684	767	727	707	704	698
Australien	1104	1085	1087	1076	1069	1024	064	878	917	805	786	699	622	635
Philippinen	423	403	411	423	423	376	426	237	454	491	527	571	582	635
Süd-Rhodesien	555	567	563	570	555	566	575	.	550	515	515	515	500	500
Mexiko	332	314	299	269	237	238	210	216	214	165	177	181	198	200
Kolumbien	372	398	434	401	397	325	365	319	281	258	240	219	202	190
Belg.-Kongo	356	338	.	.	.	.	.	.	160	153	172	177	181	175
Sonstige	1669	4017	2292	2082	1803	1886	1877	2392	1504	1281	1416	1296	1347	1278
Geschätzte Welterzeugung	30000	32100	36600	34700	37000	38600	40170	41140	41310	40160	40570	40580	41410	40120

Tab. 3: Der Anteil der wichtigsten Produktionsländer an der Weltgolderzeugung (in %)

Länder	1885	1913	1929	1940	1950
Südafrika	–	40,0	56,9	37,9	47,2
Kanada	1,1	3,6	10,5	14,4	18,0
USA	31,1	19,5	11,2	13,2	9,6
Australien	27,0	10,0	2,3	4,4	3,5
Rußland	24,1	5,8	.	.	.

Länder	1955	1960	1965	1970	1971
Südafrika	53,1	63,5	74,4	77,8	78,2
Kanada	16,5	13,7	8,8	5,8	5,5
USA	6,3	4,1	4,1	4,3	3,7
Australien	3,8	3,2	2,1	1,5	1,6
Rußland	.	.	.	.	.

Tab. 4: Verteilung des Goldbestandes der Welt 1913, 1925 und 1938 (in Millionen US-Dollar)

	1913	1925	1938
Goldbestand der Welt	16635	16660	26420
Davon in:			
Europa	9790	5400	9600
USA	3190	7460	14592
Davon:			
Zentralnotenbankenbestand	9800	15830	26420
Im Umlauf	6835	830	–

Tab. 5: Goldbestände der Zentralen Notenbanken (ZNB)
(jeweils am 31.12. in Millionen US-Dollar)

Jahr	BRD	England	Frankr.	Schweiz	Südafr.	USA
1938	29*	2877	2757	701	220	14592
1947	.	2079	550	1356	762	22868
1948	.	1856	548	1387	183	24399
1949	.	1688	523	1504	128	24365
1959	.	3300	523	1470	197	22820
1951	28	2335	547	1451	190	22873
1952	140	1500	573	1411	170	23252
1953	326	2300	576	1459	176	22091
1954	626	2550	576	1513	199	21793
1955	920	2050	861	1597	212	21753
1956	1494	1800	861	1666	224	22058
1957	2542	1600	575	1718	217	22857
1958	2639	2850	589	1925	211	20582
1959	2637	2500	1290	1934	238	19507
1060	2971	2800	1641	2185	178	17804
1961	3664	2300	2121	2560	298	16947
1962	3679	2582	2587	2667	499	16057
1963	3844	2484	3175	2820	630	15596
1964	4248	2136	3729	2725	547	15471
1965	4410	2266	4704	3040	397	14060
1966	4292	1940	5238	2841	637	13235
1967	4228	1290	5234	3089	583	12065
1968	4539	1474	3877	2624	1243	10892
1969	4080	1471	3547	2642	11151	11859
1970	3980	1349	3532	2732	660	11072
1971	4733	775	3825	3158	445	11081

* Diese Zahl gilt für das Deutsche Reich

Tab. 6a): *Herkunft und Verwendung des Goldes (Schätzung)* — (*Zahlenangaben in Millionen US-Dollar*)

	1946	1947	1948	1949	1950	1951	1952	1953	1954	1955	1956	1957	1958	1959
Goldgewinnung	755	770	805	840	865	840	870	865	915	960	995	1035	1065	1125
Goldverkäufe der Sowjetunion	45	30	—	—	—	—	—	75	75	75	150	260	210	250
Zunahme der amtlichen Goldbestände	350	430	380	480	430	150	320	420	645	660	505	725	895	695
Verwendung zu anderen Zwecken	450	370	425	360	435	600	500	520	345	375	640	570	380	680
Davon:														
Verwendung in der Industrie	280	120	170	200	180	140	180	170	170	210	200	210	200	350
Private Hortung	170	250	255	160	255	550	370	350	175	165	440	360	180	330

Tab. 6b): Herkunft und Verwendung des Goldes (Schätzung) – (Zahlenangaben in Millionen US-Dollar)

	1960	1961	1962	1963	1964	1965	1966	1967	10/67–3/68	196	1969	1970	1971
Goldgewinnung	1175	1215	1295	1350	1405	1440	1440	1060*	705	1060*	1420	1450	1405
Goldverkäufe der Sowjetunion	200	300	200	550	450	550	–	–	–	–	–	–	100
Zunahme der amtlichen Goldbestände	335	600	330	840	750	240	–45	–230*	–2720	655*	100	280	–70
Verwendung zu anderen Zwecken	1040	915	1165	1060	1105	1750	1485	1290*	3425	405*	1320	1170	1575
Davon:													
Verwendung in der Industrie	390	440	530	510	650	810	825	840		895	940	1000	1150
Private Hortung	650	475	635	550	455	940	660	1950		1435	380	170	425

Aus: Jahresberichte der BIZ

* bei 1967: gilt für 1/67—9/67
* bei 1968: gilt für 4/68—12/68

Tab. 7: Barrengoldpreise vom 28.5.1973
(Feingehalt: 999,9/1000)

Barrengröße	Ankauf (DM)	Verkauf (DM)	MWSt. (DM)	Verk. brutto (DM)	Preis je g
1000 g	9300,–	9900,–	1089,–	10989,–	10,99 DM
500 g	4650,–	4950,–	544,50	5494,50	10,99 DM
250 g	2325,–	2475,–	272,25	2747,25	10,99 DM
100 g	924,–	984,–	108,24	1092,24	10,92 DM
50 g	462,–	492,–	54,12	546,12	10,92 DM
20 g	185,–	204,80	22,53	227,33	11,37 DM
10 g	92,50	102,40	11,26	113,66	11,37 DM

Tab. 8a: Verkaufspreise von Goldbarren seit 1957
(Preise in DM einschließlich Umsatz- bzw. Mehrwertsteuer)

	12,5 kg-Barren Preis	Preis je g	1 kg-Barren Preis	Preis je g	500 g-Barren Preis	Preis je g	250 g-Barren Preis	Preis je g
31.12.1957		.	5075	5,08	2550	5,10	1285	5,14
31.12.1962		.	4850	4,85	2435	4,87	1222	4,89
31.12.1970	59441	4,76	4773	4,77	2403	4,81	1207	4,83
3. 1.1973		.	7659	7,66	3830	7,66	1915	7,66
1. 2.1973		.	7659	7,66	3830	7,66	1915	7,66
5. 3.1973		.	8658	8,66	4329	8,66	2165	8,66
2. 4.1973		.	9324	9,32	4662	9,32	2331	9,32
2. 5.1973		.	9324	9,32	4662	9,32	2331	9,32
4. 6.1973		.	11766	11,77	5883	11,77	2942	11,77

Tab. 8b: Verkaufspreise von Goldbarren seit 1957
(Preise in DM einschließlich Umsatz- bzw. Mehrwertsteuer)

	100 g-Barren Preis	Preis je g	50 g-Barren Preis	Preis je g	20 g-Barren Preis	Preis je g	10 g-Barren Preis	Preis je g
31.12.1957	525	5,25	265	5,30	112	5,60	57	5,70
31.12.1962	501	5,01	252	5,04	106	5,30	53	5,30
31. 5.1970	490	4,90	246	4,93	108	5,38	54	5,44
3. 1.1973	781	7,81	392	7,85	163	8,15	81	8,15
1. 2.1973	781	7,81	392	7,85	163	8,15	81	8,15
5. 3.1973	881	8,81	442	8,85	183	9,15	91	9,15
2. 4.1973	948	9,50	476	9,51	198	9,92	98	9,81
2. 5.1973	948	9,50	476	9,51	198	9,92	98	9,81
4. 6.1973	1192	11,92	596	11,92	247	12,37	126	12,59

Tab. 9a): *Verkaufspreise von Goldmünzen seit 1955*
(Preise in DM einschließlich Umsatz- bzw. Mehrwertsteuer)

	20 Goldmark* Preis	Preis je g	10 Goldmark* Preis	Preis je g	20 US–Dollar** Preis	Preis je g	100 österr. Kronen Preis	Preis je g
31.12.1955	43,–	6,–	31,75	8,86	166,50	5,55	229,–	7,51
31.12.1957	51,50	7,19	37,50	10,47	177,–	5,90	.	.
31.12.1959	49,75	6,95	45,–	12,56	162,–	5,40	.	.
31.12.1962	73,50	10,27	67,50	18,85	175,–	5,83	.	.
15. 7.1965	66,–	9,22	67,60	18,88	176,–	5,86	155,50	5,10
31. 5.1970	100,20	13,99	153,–	42,75	214,–	7,14	154,30	5,06
3. 1.1973	120,99	16,88	168,80	47,10	322,–	10,70	247,53	8,12
1. 2.1973	129,87	18,12	174,08	48,57	383,–	12,73	245,31	8,05
5. 3.1973	158,25	22,08	181,46	50,63	460,–	15,29	266,40	8,74
2. 4.1973	137,15	19,13	174,08	48,57	430,–	14,29	283,05	9,29
2, 5.1973	147,63	20,60	184,63	51,52	430,–	14,29	297,48	9,76
4. 6.1973	153,18	21,37	181,98	50,78	490,–	16,29	371,85	12,20

* : Münze mit 5,5 % MWSt.
** : Münze ohne MWSt.
ohne * : Münze mit 11 % MWSt.

Tab. 9b) *Verkaufspreise von Goldmünzen seit 1955*
(Preise in DM einschließlich Umsatz- bzw. Mehrwertsteuer)

	20 sfrs. Preis	Preis je g	20 ffrs. Preis	Preis je g	1 engl. Pfund Preis	Preis je g	2 Rand (Südafr.)** Preis	Preis je g
31.12.1955	31,80	5,48	32,80	5,65	44,25	6,05	—	—
31.12.1957	36,—	6,21	37,—	6,38	43,50	5,94	—	—
31.12.1959	31,25	5,39	31,75	5,47	40,75	5,57	—	—
31.12.1962	37,75	6,51	36,50	6,29	41,—	5,46	.	.
15. 7.1965	42,90	7,38	40,—	6,90	43,40	5,93	.	.
31. 5.1970	47,20	8,14	44,95	7,75	41,60	5,69	.	.
3. 1.1973	67,71	11,66	63,27	10,89	62,45	9,40	58,—	7,92
1. 2.1973	77,70	13,38	69,93	12,04	62,16	9,40	60,50	8,26
5. 3.1973	88,80	15,29	78,81	13,57	64,38	9,73	68,—	9,29
2. 4.1973	89,91	15,49	73,26	12,62	64,38	9,73	69,—	9,42
2. 5.1973	91,02	15,68	74,37	12,81	71,04	10,74	72,—	9,83
4. 6.1973	107,67	18,54	98,79	17,02	88,80	13,42	90,—	13,38

Literaturverzeichnis

Bücher:

Bartels, Hermann, Die Goldmärkte der Welt seit Verlassen des Goldstandards, Frankfurt / M. 1960

Bergemann, Ernst, Gold — gestern und heute, Frankfurt / M. 1964 (erschienen in der Reihe: Taschenbücher für Geld, Bank und Börse, Band 27)

Clausen, Wilhelm, Goldmünzen und Goldbarren als Geldanlage, 1. Aufl., München 1957

Fligge, Günter, Gold als Geldanlage, 4. Aufl., Stuttgart 1970 (erschienen im Informationsdienst der Sparkassen und Girozentralen)

Friedensburg, Ferdinand, Gold, 2. Aufl., Stuttgart 1953

Green, Timothy, Die Welt des Goldes, Vom Goldfieber zum Goldboom, Frankfurt / M. 1968

Hahn, L. Albert, Fünfzig Jahre zwischen Inflation und Deflation, Tübingen 1963

Joesten, Joachim, Das Währungskarussell, Zürich 1966

Kochs, Hermann, Geprägtes Gold, Stuttgart 1967

Köllner, Lutz, Chronik der deutschen Währungspolitik 1871—1971, Frankfurt / M. 1972 (erschienen in der Reihe: Taschenbücher für Gold, Bank und Börse, Band 61)

Pohl, Helga, Gold — Macht und Magie in der Geschichte, Stuttgart 1958

Quiring, Heinrich, Geschichte des Goldes, Stuttgart 1948

Wittgen, Robert, Gold als Geldanlage, München, 1963

Sammelwerke und Zeitschriften

Müller, Gerhard, Löffelholz, Josef, Bank-Lexikon, Handwörterbuch für das Bank- und Sparkassenwesen, 5. Aufl., Band 1, Wiesbaden 1963

Brockhaus Enzyklopädie, Band 7, Wiesbaden 1969

Der große Duden, Band 7, Etymologie, Mannheim, Wien, Zürich 1963

Enzyklopädisches Lexikon für das Geld-, Band- und Börsenwesen, Band I, 3. Aufl., Frankfurt / M. 1967/68

Dr. Gablers Wirtschaftslexikon, Kurzausgabe, Frankfurt / M. 1972

Bienert, Kurt, Die Sonderziehungsrechte; erschienen in: Wirtschaftswissenschaftliches Studium, 1. Jahrgang, Heft 11, München und Stuttgart 1972

Zeitungen und andere Unterlagen

Frankfurter Allgemeine Zeitung der Jahrgänge 1972 und 1973
Handelsblatt der Jahrgänge 1972 und 1973
Chamber of Mines of South Africa, 82nd Annual Report
Jahresberichte der Bank für Internationalen Zahlungsausgleich
Statistische Jahrbücher der Bundesrepublik Deutschland
Unterlagen der DEGUSSA
Unterlagen der Schweizerischen Kreditanstalt
Unterlagen der Norddeutschen Landesbank in Braunschweig
Unterlagen des Statistischen Bundesamtes

Sachregister

Agio 23, 52, 59, 62
Aufbewahrung des Goldes 65 f.
Besteuerung 63 f.
Demonstrierung des Goldes 28, 46
Entwicklung der Goldgewinnung 19
Fälschungen von Goldbarren 53
von Goldmünzen 56
Feingehalt 23, 54, 60
Feingewicht 54
Fixing 43
Freizügigkeit des Goldhandels 48 ff.
Gold
— als Währungsmetall 46
— barren 18, 51 ff.
— barrenwährung 32
— bergbau 19 ff.
— besitz (Zulässigkeit) 48 ff.
— bestände der Notenbanken 27 f.
— deckung 32
— devisenwährung 32
— funde 19 f.
— gewinnung 18 ff.
— handel 33 ff.
— hortung 12 ff., 28 ff., 37
— legierung 54
— markt 28, 51
— medaillen 59 ff.
— münzen 27, 54 ff.
— münzen, alte 55
— pool 24, 40 ff.
— preis 30 ff.
— preis, amtlicher 15, 32
— preis, freier 15, 16, 34 ff.
— preishausse 39 ff.
— preisspaltung 42
— produktion 16 ff.
  in: Australien 22
  Kanada 21
  Rußland 22 ff.
  Südafrika 20 f.
  USA 21
— produktion, zukünftig 24 ff.
— reserven 28
— schmuck 57, 61 f.
— schmuggel 34
— umlaufwährung 31
— verbot 26, 49 ff.
— verteilung 26 ff.
— vorkommen 18
— vorräte 25 f.
— währung 27, 32 f.
— währung, hinkende 27
Handelsmünzen 55
Höchstpreis für Gold (amtlich) 37
Hortung 13 ff.
Inflation 34, 48, 63, 69
Inflationsrate 9 f.
Karat 62
Kaufkraftverlust 13, 14
Leitwährung 31 f.

Liquidierbarkeit des Goldes 12
Mehrwertsteuer 52
Mindestpreis für Gold (amtlich) 15, 37
Motive für Goldhortung 14 ff., 56 f., 63 f.
Münzhandel 49
Nachahmungen von Münzen 56
Nachprägungen von Münzen 55
Neuprägungen von Münzen 55
Originalmünzen 56
Passiergewicht 55
Prämienpreis 33
Preisbildung bei Gold 16 f., 30 ff.
Preissteigerungsrate 58
Produktionskosten des Goldes 24 f.

Punzierung 62
Rauhgewicht 54
Schwarzmarktpreise 33
Sonderziehungsrechte 31, 44
Sepkulation 13 ff., 42, 44 ff.
Strafbestimmungen 56
Transportbarkeit 15
Troy-Unze 54
Umschlagkosten 36
Unze 54
Vermögensbildung 9, 58, 60, 67 ff., 71 f., 74
Verwendung des Goldes 64 f.
Verzinsung des Goldes 71
Währungs
— gold 42
— ordnung 13
— patität 30
Warengold 28 f., 42
Zahlungsbilanzdefizit 27 f., 38 ff.

Bände der Schriftenreihe

Band 1: Meinig, Wolfgang

Private Vermögensbildung mit festverzinslichen Wertpapieren

Band 2: Linnenbaum, Franz-Josef

Vermögensbildung mit Aktien unter dem Einfluß der Inflation

Band 3: Thiele, Wolfgang

Vermögensbildung mit Eigentumswohnungen unter dem Einfluß der Inflation

Band 4: Stöckmann, Jürgen

Private Vermögensbildung mit Gold — Risikosicherung in Krisenzeiten

Organisation im Industrieunternehmen

Von Hans-Joachim Paul H a u f f

204 Seiten, ISBN 3 409 31141 6 broschiert 26,— DM

Coproduktion: Betriebswirtschaftlicher Verlag
Dr. Th. Gabler und SIEMENS AG

Theorie und Praxis sind im Bereich der Organisation oft weit voneinander entfernt. Im vorliegenden Buch ist eine Synthese entwickelt worden. Der Autor verwendet die moderne Methode der Systemanalyse und stützt sich auf Aussagen sowohl der Wissenschaft als auch der Praxis. Am Beispiel des Industrieunternehmens werden die wesentlichen Faktoren sowohl im praktischen als auch im theoretischen Zusammenhang dargestellt. Die übliche Unterscheidung zwischen Ablauforganisation (Festlegung von Handlungen in Art, Umfang und Reihenfolge) und Strukturorganisation (Festlegung, durch w e n Handlungen erfolgen sollen) wird beibehalten. In verstärktem Maße wird jedoch auf die speziellen Probleme eingegangen, die sich in großen Industrieunternehmen stellen. 15 Beispiele aus der Praxis runden die Darstellung ab.

A u s d e m I n h a l t : Der Einfluß der Zielsetzung auf das Organisieren — Die Elemente des Unternehmens und ihre organisatorischen Eigenschaften — Zielsetzung in der Ablauforganisation — Optimierung der Elemente der Ablauforganisation — Systemverhalten von organisierten Abläufen — Folgen der komplexen Arbeitsverteilung — Strukturorganisation und Umweltbedingungen — Probleme der Zuordnung von Funktionen — spezifische Probleme der Organisation in funktionsorientierten und bereichsorientierten Unternehmen.

Betriebswirtschaftlicher Verlag Dr. Th. Gabler, Wiesbaden

If you have any concerns about our products,
you can contact us on
ProductSafety@springernature.com

In case Publisher is established outside the EU,
the EU authorized representative is:
**Springer Nature Customer Service Center GmbH
Europaplatz 3, 69115 Heidelberg, Germany**

Printed by Libri Plureos GmbH
in Hamburg, Germany